KATZEN ERZIEHUNG

Wie Sie Ihre Katze richtig verstehen und Ihr Kitten mit Clicker & Katzen-Spielzeug optimal fördern – Erziehung, Haltung und Pflege in einfachen Schritten inkl. Tricks und Spiele

INHALT

1 Die Geschichte der Hauskatze

In fast jedem sechsten Haushalt in Deutschland lebt eine Katze. Katzen erfreuen sich immer größerer Beliebtheit und weltweit wird die Zahl der Hauskatzen auf über 600 Millionen geschätzt.

Wie genau dieser treue Alltagsbegleiter entstand, ist umstritten. Bisher nahm man an, dass die Katzen vor etwa 3600 Jahren im alten Ägypten domestiziert und von dort aus in die ganze Welt verschifft wurden. Doch mittlerweile gibt es Zweifel an dieser Theorie, da es Grabfunde gibt, die weitaus älter sind. So wurden bereits vor etwa 10.000 Jahren Katzen zusammen mit ihren Haltern beerdigt. Selbst die Abstammung unserer heutigen Hauskatze ist unter Wissenschaftlern ein heiß diskutiertes Thema.

Ging man bisher davon aus, dass die afrikanische Falbkatze der Ursprung unserer Stubentiger ist, ließen Forschungen und Gen-Analysen Zweifel daran aufkommen. So scheinen die meisten der heutigen Hauskatzen eher von den Wildkatzen aus dem Nahen Osten abzustammen. So oder so ist die Geschichte der heutigen Hauskatze, Felis silvestris catus, sehr abwechslungsreich und aufregend. Begann ihre Domestizierung zuerst mit dem quasi freiwilligen Anschluss an menschliche Siedlungen, um dort Nager wie Ratten und Mäuse zu jagen und den Schutz der Menschen zu genießen, so wurden Katzen einige Zeit später als Feindbild, ja sogar als Inkarnation Satans betrachtet und starben zu Hunderten auf dem Scheiterhaufen. Doch beginnen wir ganz am Anfang.

Als der Mensch begann, Getreide anzubauen und dieses in großen Speichern zu lagern, zog dies selbstverständlich auch Schädlinge wie Mäuse und Ratten an. Die Menschen selbst wurden dieser Plage nicht Herr. Doch ein Tier, die Wildkatze, sah dies sprichwörtlich als gefundenes Fressen an. Die ersten Exemplare, die sich dem Menschen näherten, waren scheu und wild und gingen meist nachts auf die Jagd. Die hohe Dichte an Beutetieren war ein Grund, wieso Katzen in der Nähe der Menschen blieben. Außerdem erkannten sie schnell, dass in der Nähe der menschlichen Siedlungen deutlich weniger Raubtiere unterwegs waren und nutzten diese Sicherheit, um sich übermäßig fortzupflanzen. Durch die hohe Zahl an Kitten und ihre nicht abstreitbare Niedlichkeit ging der Mensch dazu über, junge Kitten im Alter von etwa 2 bis 3 Wochen in seine Obhut zu nehmen, aufzuziehen und so auf den Menschen zu prägen.

Die Kitten verloren ihre Scheu vor dem Menschen und hielten sich noch näher bei ihm auf. Die nachfolgenden Generationen lernten so schon von klein auf, dass der Mensch zum Leben dazugehört und freundlich ist. Schnell schätzten die Menschen die Arbeit der Katzen, da diese die Speicher von sämtlichen Schädlingen befreiten. Diese Eigenschaft war es übrigens auch, die dazu führte, dass die Ägypter die Katzen in den Gottstatus hoben. Eine solche Tätigkeit für den Menschen musste schließlich göttlich sein. So sahen sie in den Samtpfoten die Reinkarnation ihrer zwei wichtigsten Götter. Die weiblichen Katzen verkörperten so die Kriegsgöttin Sekhmet und die männlichen Katzen verkörperten den Sonnengott Ra. In Ägypten war es ebenfalls Brauch, mumifizierte, meist sehr junge Katzen zu opfern. Viele Pilger reisten nach Bubastis, um dort eine Opfergabe an die Götter zu geben. Man geht davon aus, dass Katzen speziell dafür gezüchtet wurden, um jung zu sterben und mumifiziert zu werden.

Griechen und Römer hingegen betrachteten die Katzen zu dieser Zeit eher noch als „merkwürdig“ und nutzten zur Schädlingsbekämpfung eher Frettchen. Als jedoch später einige der griechischen und römischen Götter mit der Katzengestalt in Verbindung gebracht wurden, begann man auch hier, Katzen zu verehren. In diesen Breitengraden stammen die ersten Darstellungen auf Vasen aus dem Zeitraum um 450 v. Chr. Im asiatischen Raum wurden Katzen dazu genutzt, die Heiligtümer und alten Schriften vor der Zerstörung durch Ratten zu bewahren. In Europa, zur Zeit des Mittelalters, waren Katzen zwar ebenfalls zur Jagd auf Mäuse und Ratten nützlich, jedoch traute man ihnen nicht wirklich über den Weg. Besonders schwarze Katzen wurden für dämonisch gehalten und oftmals qualvoll getötet. Da die Samtpfoten besonders nachts aktiv waren, sprach man ihnen eine

Verbindung zum Übernatürlichen und Magischen zu und glaubte, sie seien Verbündete der Hexen. Nicht selten wurden ältere Frauen, die in Begleitung einer Katze gesehen wurden, als Hexen betitelt und schlussendlich auf dem Scheiterhaufen verbrannt, inklusive der Katze. Lediglich in England galten die Katzen als Gespielinnen und treue Gefährten, besonders am adeligen Hofe. Sie waren sehr wertvoll und ihre Anzahl gering.

Aus der Zeit des 11. Jahrhunderts weiß man, dass die Wikinger Katzenfelle trugen und auch verkauften. Die Felle waren sehr begehrt und besonders das Leder wurde gern genutzt.
Erst im 16. Jahrhundert verloren Katzen ihre Zuordnung zum Dämonischen und Bösen allmählich und mauserten sich langsam zum heutigen Haustier. Doch der wirkliche Durchbruch kam erst mit der Industriellen Revolution. Im Laufe des 20. Jahrhunderts stieg die Zahl der Hauskatzen rapide an und immer mehr Leute erfreuten sich an der Gesellschaft der Stubentiger. Und auch die Forschung widmete sich viele Jahre intensiv der Hauskatze. Mit Beginn der gezielten Züchtung veränderte sich auch der Phänotyp der Katze. Es wurden immer mehr verschiedene Rassen kreiert und gezielt gezüchtet. Heute sind gut 40 Rassen anerkannt. Es existieren jedoch gut 60 Rassen.

1.1 KATZENRASSEN

60 Rassen sind heute bekannt, jedoch sind nur rund 40 davon auch wirklich anerkannt. Es gibt mittlerweile so gut wie keine Form oder Fellfarbe, die es nicht gibt. Leider haben sich auch bei den Katzen einige Rassen in eine negative Richtung entwickelt. So sind heute leider ein paar Rassen als „Qualzucht“ einzustufen. Dazu zählt zum Beispiel die Perserkatze, die ähnliche Probleme mit der Atmung hat wie beispielsweise der Mops. Die Nasen sind immer kürzer gezüchtet worden und die Atemwege sind verkümmert. Ebenfalls von Qualzucht betroffen ist die sogenannte „Munchkin“-Katze, bei der man versucht hat, gezielten „Zwergenwuchs“ zu züchten. Diese Katzenrasse wirkt sehr unproportional und leidet unter

massivem Bewegungseinschränkungen, da ihre Beine quasi verkümmert und viel zu kurz sind. Ebenfalls als Qualzucht zu bezeichnen ist die „Scottish Fold“ (Schottische Faltohrkatze). Ihre Deformation der Ohren führt auch zu weiteren Knorpelschäden im Körper.
Doch gehen wir die Rassen besser von A bis Z durch.

1.1.1 ABESSINIER

Herkunftsland: Äthiopien
Größe: klein bis mittelgroß
Fellllänge: kurz
Farben: Wild, Blau, Sorrel, Fawn, möglich sind jedoch auch Chocolate und Lilac
Charakter: sehr aufmerksam, verspielt, aktiv, neugierig, sehr menschenbezogen
Pflege: wenig, gelegentliches Bürsten oder Kämmen
Haltererfahrung: Anfänger

1.1.2 AMERICAN CURL

Herkunftsland: Amerika
Größe: klein bis mittel
Fellllänge: kurz und lang
Farben: alle Farben und Zeichnungen sind möglich
Charakter: sehr menschenbezogen, ausgesprochen freundlich, aktiv, geduldig
Pflege: durch fehlende Unterwolle recht wenig, regelmäßig Bürsten oder Kämmen
Haltererfahrung: Anfänger

1.1.3 AMERICAN LYNX

Herkunftsland: Amerika
Größe: sehr groß
Felllänge: kurz bis mittellang
Farben: lediglich Färbungen in Leopard und Tawny (getigert)
Charakter: wenig menschenbezogen, recht eigensinnig, selbstständig, unerschrocken
Pflege: je nach Felltyp wenig bis mittelmäßiger Aufwand, regelmäßiges Bürsten oder Kämmen
Haltererfahrung: Profi

1.1.4 AMERICAN SHORTHAIR

Herkunftsland: Amerika
Größe: groß
Felllänge: kurz
Farben: alle Farben und Zeichnungen sind möglich
Charakter: ruhig, freundlich, zeitweise etwas eigenwillig, recht selbstständig
Pflege: wenig, gelegentlich Bürsten oder Kämmen
Haltererfahrung: Erfahrene

1.1.5 AMERICAN WHITEHAIR

Herkunftsland: Amerika
Große: mittel
Felllänge: kurz bis mittellang, Drahthaar
Farben: alle Farben und Zeichnungen sind möglich
Charakter: sehr anhänglich, verschmust, ruhig, freundlich, aufgeschlossen, neugierig, intelligent
Pflege: mittelmäßiger Aufwand, regelmäßiges Bürsten oder Kämmen
Haltererfahrung: Anfänger

1.1.6 ASIAN CAT

Herkunftsland: Großbritannien
Größe: mittel
Felllänge: kurz bis mittellang
Farben: alle Farben und Zeichnung sind möglich
Charakter: sehr temperamentvoll, neugierig, intelligent, verspielt, sehr aktiv
Pflege: je nach Felltyp wenig mit mittelmäßigem Aufwand, regelmäßiges Bürsten oder Kämmen
Haltererfahrung: Erfahrene

1.1.7 AUSTRALIAN MIST

Herkunftsland: Australien
Größe: klein bis mittel
Felllänge: kurz
Farben: Braun, Blau, Caramel, Gold, Peach, Chocolate oder Lilac, immer mit gepunkteter Zeichnung
Charakter: sehr ruhig, sehr verschmust, sehr anhänglich, wenig temperamentvoll
Pflege: wenig, gelegentliches Bürsten oder Kämmen
Haltererfahrung: Anfänger

1.1.8 BALINESE

Herkunftsland: Amerika
Größe: mittel
Felllänge: mittellang
Farben: Rot, Creme, Blau, Lilac, Chocolate oder Foreign White, dazu Points in Tabby oder Tortie
Charakter: sehr intelligent, anhänglich, verschmust, brauchen viel Beschäftigung

Pflege: mittel, regelmäßiges Bürsten oder Kämmen
Haltererfahrung: Erfahrene

1.1.9 BENGALE

Herkunftsland: Amerika
Größe: mittel
Felllänge: kurz
Farben: typische „Tigerzeichnung“, meistens rote, seltener graue oder blaue Grundfarbe, dunkle Streifen
Charakter: sehr temperamentvoll, zeitweise scheu, sehr aktiv, benötigt sehr viel Beschäftigung, dennoch recht verschmust
Pflege: wenig, gelegentliches Bürsten oder Kämmen
Haltererfahrung: Profi

1.1.10 BIRMAKATZE (HEILIGE BIRMA)

Herkunftsland: Orient
Größe: klein bis mittel
Felllänge: halblang bis lang, sehr buschig
Farben: sämtliche Point Färbungen, dunkle Masken, dunkle Beine, weiße Pfoten
Charakter: sehr ruhig, recht anhänglich und verschmust, sehr gesellig
Pflege: mittel bis viel, das Fell benötigt viel Pflege und muss regelmäßig gekämmt werden
Haltererfahrung: Anfänger

1.1.11 BOMBAY

Herkunftsland: Amerika
Größe: mittel
Felllänge: kurz
Farben: schwarz

Charakter: sehr verschmust, recht anhänglich, sehr geduldig, menschenbezogen
Pflege: wenig, gelegentliches Bürsten oder Kämmen
Haltererfahrung: Anfänger

1.1.12 BRITISCH KURZHAAR (BKH)

Herkunftsland: Großbritannien
Größe: mittel bis groß
Felllänge: kurz
Farben: nahezu alle Farben sind möglich, an Zeichnungen gibt es Colorpoint, Tabby, Tortie, Torbie, sowie Harlekin und Van
Charakter: sehr ruhig, geduldig, gelassen, menschenbezogen, verschmust, unaufgeregt
Pflege: wenig, gelegentliches Bürsten oder Kämmen
Haltererfahrung: Anfänger

1.1.13 BRITISCH LANGHAAR

Herkunftsland: Großbritannien
Größe: mittel bis groß
Felllänge: mittellang bis lang
Farben: nahezu alle Farben sind möglich, an Zeichnungen gibt es Colorpoint, Tabby, Tortie, Torbie
Charakter: sehr ruhig, geduldig, gelassen, menschenbezogen, verschmust, unaufgeregt
Pflege: mittel bis viel, regelmäßiges Bürsten und Kämmen sind wichtig
Haltererfahrung: Anfänger

1.1.14 BURMA

Herkunftsland: vermutlich Myanmar
Größe: mittel

Felllänge: kurz
Farben: einfarbig, teils mit Tabby oder Maskenfärbung, farblich erlaubt sind Blau, Chocolate, Seal, Lilac, Rot und Creme
Charakter: neugierig, intelligent, recht temperamentvoll, teils stürmisch, sie haben einen hohen Bewegungsdrang, sind unerschrocken, „reden“ viel
Pflege: wenig, gelegentliches Bürsten oder Kämmen
Haltererfahrung: Erfahrene

1.1.15 BURMILLA

Herkunftsland: Großbritannien bzw. Thailand
Größe: mittel
Felllänge: kurz
Farben: Grundfarbe weiß mit Zeichnungen aus Silver Shaded oder Chinchilla
Charakter: recht fordernd, möchte beschäftigt werden, menschenbezogen, neugierig
Pflege: wenig, gelegentliches Bürsten oder Kämmen
Haltererfahrung: Erfahrene

1.1.16 CHAUSIE

Herkunftsland: Amerika
Größe: groß
Felllänge: kurz
Farben: zumeist eine Grundfarbe aus schwarz oder grau mit verschiedenen Zeichnungen
Charakter: recht anhänglich, verschmust, abenteuerlustig, mit hohem Bewegungsdrang
Pflege: wenig, gelegentliches Bürsten oder Kämmen
Haltererfahrung: Erfahrene

1.1.17 CORNISH REX

Herkunftsland: Großbritannien
Größe: klein bis mittel
Felllänge: kurz, gekräuselt
Farben: nahezu alle Farben sind möglich
Charakter: hat einen hohen Bewegungsdrang, menschenbezogen, temperamentvoll, abenteuerlustig
Pflege: wenig, gelegentliches Bürsten oder Kämmen
Haltererfahrung: Erfahrene

1.1.18 CEYLON CAT

Herkunftsland: Sri Lanka
Größe: klein bis mittel
Felllänge: kurz
Farben: nahezu alle Farben sind möglich
Charakter: gesellig, freundlich, zutraulich, verschmust, aktiv, aufgeweckt
Pflege: wenig, gelegentliches Bürsten oder Kämmen
Haltererfahrung: Anfänger

1.1.19 CHARTREUX (KARTÄUSER)

Herkunftsland: Türkei / Iran
Größe: mittel bis groß
Felllänge: kurz bis mittellang, manchmal wellig
Farben: Blau
Charakter: sehr menschenbezogen, intelligent, unkompliziert, leise, ausgeglichen
Pflege: wenig, gelegentliches Bürsten oder Kämmen
Haltererfahrung: Anfänger

1.1.20 DEVON REX

Herkunftsland: Großbritannien
Größe: mittel
Felllänge: kurz, gekräuselt, viel Unterwolle
Farben: fast alle Farben sind möglich
Charakter: treu, verschmust, anhänglich, freundlich, verspielt, aktiv, sozial
Pflege: wenig bis mittel, regelmäßiges Bürsten oder Kämmen
Haltererfahrung: Anfänger

1.1.21 EGYPTIAN MAU

Herkunftsland: Amerika
Größe: mittel
Felllänge: kurz
Farben: Silver, Bronce und Smoke, stets mit Zeichnung
Charakter: sehr aktiv, sehr temperamentvoll, braucht sehr viel Beschäftigung, ist sehr aufgeweckt, fordert viel Aufmerksamkeit
Pflege: wenig, gelegentliches Bürsten oder Kämmen
Haltererfahrung: Erfahrene

1.1.22 EUROPÄISCH KURZHAAR

Herkunftsland: Europa
Größe: mittel
Felllänge: kurz
Farben: alle natürlichen Farben sind möglich
Charakter: sehr freundlich, aufgeschlossen, verspielt, verschmust, treu, lebhaft
Pflege: wenig, gelegentliches Bürsten oder Kämmen
Haltererfahrung: Anfänger

1.1.23 EXOTISCH KURZHAAR

Herkunftsland: Amerika
Größe: klein bis mittel
Felllänge: kurz
Farben: nahezu alle Farben sind möglich
Charakter: sehr ruhig, ausgeglichen, freundlich, verschmust
Pflege: wenig, gelegentliches Bürsten oder Kämmen
Haltererfahrung: Anfänger

1.1.24 GERMAN REX

Herkunftsland: Deutschland
Größe: mittel
Felllänge: kurz, gekräuselt
Farben: nahezu alle Farben sind möglich
Charakter: freundlich, aufgeschlossen, verschmust, anhänglich, menschenbezogen
Pflege: wenig, gelegentliches Bürsten oder Kämmen
Haltererfahrung: Anfänger

1.1.25 HIMALYAN

Herkunftsland: Amerika, Vereinigtes Königreich
Größe: mittel bis groß
Felllänge: mittel bis lang
Farben: typische Siam-Zeichnung
Charakter: freundlich, manchmal etwas zurückhaltend, verschmust, ruhig
Pflege: wenig bis mittel, regelmäßiges Bürsten oder Kämmen
Haltererfahrung: Anfänger

1.1.26 JAPANESE BOBTAIL

Herkunftsland: Japan
Größe: mittel
Fellänge: kurz, mittel bis lang
Farben: Weiß gemischt mit Schwarz und/oder Rot
Charakter: sehr intelligent, braucht viel Beschäftigung, aufgeweckt, freundlich
Pflege: mittel, regelmäßiges Bürsten oder Kämmen
Haltererfahrung: Erfahrene

1.1.27 JAVANESE

Herkunftsland: Amerika
Größe: mittel
Felllänge: mittel
Farben: Creme, Chocolate, Blau, Fawn, Schwarz, Zimt, Weiß
Charakter: sehr aktiv, braucht viel Beschäftigung, aufgeweckt, sehr sensibel, elegant
Pflege: wenig bis mittel, regelmäßiges Bürsten oder Kämmen
Haltererfahrung: Erfahrene bis Profi

1.1.28 KHAO MANEE

Herkunftsland: Thailand
Größe: klein bis mittel
Felllänge: kurz
Farben: weiß
Charakter: aufgeschlossen, kommunikativ, intelligent, aufgeweckt, verspielt
Pflege: wenig, gelegentliches Bürsten oder Kämmen
Haltererfahrung: Anfänger, Erfahrene

1.1.29 KORAT

Herkunftsland: Thailand
Größe: mittel
Felllänge: kurz
Farben: Blau/Silber
Charakter: sehr intelligent, sozial, freundlich, aufmerksam, sanftmütig
Pflege: wenig, gelegentliches Bürsten oder Kämmen
Haltererfahrung: Anfänger, Erfahrene

1.1.30 LAPERM

Herkunftsland: Amerika
Größe: mittel
Felllänge: kurz bis mittellang, gekräuselt bzw. lockig
Farben: nahezu alle Farben sind möglich
Charakter: etwas eigen, meist aber sehr verschmust, recht aktiv und verspielt
Pflege: wenig bis mittel, regelmäßiges Bürsten oder Kämmen
Haltererfahrung: Anfänger, Erfahrene

1.1.31 LYKOI

Herkunftsland: Amerika
Größe: mittel
Felllänge: kurz, teilweise licht
Farben: Weiß und Schwarz, wirkt wie Grau meliert
Charakter: sehr neugierig, verspielt, sehr intelligent, brauchen viel Beschäftigung
Pflege: wenig bis keine
Haltererfahrung: Anfänger, Erfahrene

1.1.32 MAINE COON

Herkunftsland: Amerika
Größe: sehr groß
Felllänge: kurz, mittellang bis lang
Farben: Weiß, Schwarz, Schwarzbraun bis Rot, Silber und Blau
Charakter: sehr intelligent, sehr verspielt, sehr kommunikativ, verschmust
Pflege: je nach Felltyp wenig bis mittel, regelmäßiges Bürsten oder Kämmen
Haltererfahrung: Anfänger, Erfahrene

1.1.33 MANDARIN

Herkunftsland: Amerika
Größe: klein bis mittel
Felllänge: kurz
Farben: nahezu alle Farben sind möglich
Charakter: teilweise distanziert, freundlich, intelligent, verspielt
Pflege: wenig, gelegentliches Bürsten oder Kämmen
Haltererfahrung: Erfahrene

1.1.34 MANX

Herkunftsland: Isle of Man
Größe: mittel
Felllänge: kurz
Farben: alle Farben sind möglich
Charakter: sehr intelligent, aufgeweckt, neugierig, möchte viel Beschäftigung
Pflege: wenig bis mittel, regelmäßiges Bürsten oder Kämmen
Haltererfahrung: Anfänger, Erfahrene

1.1.35 MUNCHKIN

Herkunftsland: Amerika
Größe: klein bis mittel
Felllänge: kurz, selten mittellang
Farben: alle Farben sind möglich
Charakter: sehr gesellig, freundlich, aufgeschlossen, verspielt, hoher Bewegungsdrang, intelligent
Pflege: wenig, gelegentliches Bürsten oder Kämmen
Haltererfahrung: Anfänger

1.1.36 NORWEGISCHE WALDKATZE

Herkunftsland: Norwegen
Größe: groß
Felllänge: mittellang
Farben: alle Farben sind möglich
Charakter: sehr intelligent, manchmal zurückhaltend, freundlich, sanft, hoher Spieltrieb
Pflege: wenig bis mittel, regelmäßiges Bürsten oder Kämmen
Haltererfahrung: Erfahrene

1.1.37 OCICAT

Herkunftsland: Amerika
Größe: klein bis mittel
Felllänge: kurz
Farben: Tawny, Cinnamon, Blue, Lavender und Chocolate, wenige weiße Abzeichen im Gesicht
Charakter: sehr freundlich, aufgeschlossen, verspielt, abenteuerlustig
Pflege: wenig, gelegentliches Bürsten oder Kämmen
Haltererfahrung: Anfänger

1.1.38 ORIENTALISCH KURZHAAR

Herkunftsland: Großbritannien
Größe: klein bis mittel
Felllänge: kurz
Farben: Nahezu alle Farben sind möglich
Charakter: anhänglich, verschmust, freundlich, menschenbezogen, lernwillig, teils eigenwillig
Pflege: wenig, gelegentliches Bürsten oder Kämmen
Haltererfahrung: Anfänger, Erfahrene

1.1.39 PERSERKATZE

Herkunftsland: Iran (Persien)
Größe: groß
Felllänge: lang
Farben: alle Farben sind möglich
Charakter: intelligent, anschmiegsam, menschenbezogen, treu, sehr ruhig
Pflege: hoch, häufiges Bürsten und Kämmen
Haltererfahrung: Anfänger

1.1.40 PUDELKATZE

Herkunftsland: Deutschland
Größe: mittel
Felllänge: kurz, gelockt
Farben: alle Farben sind möglich
Charakter: ruhig, menschenbezogen, freundlich, verschmust
Pflege: wenig, gelegentliches Bürsten oder Kämmen
Haltererfahrung: Anfänger

1.1.41 PIXIE BOB

Herkunftsland: Amerika
Größe: mittel bis groß
Felllänge: kurz bis mittellang
Farben: „Luchsähnlich“
Charakter: sehr aktiv, gesellig, kommunikativ, freundlich, teilweise etwas eigen
Pflege: wenig bis mittel, regelmäßiges Bürsten oder Kämmen
Haltererfahrung: Anfänger, Erfahrene

1.1.42 RAGDOLL

Herkunftsland: Amerika
Größe: mittel bis groß
Felllänge: mittellang, dicht
Farben: Schwarz, Braun, Rot, Maskenzeichnung
Charakter: sehr neugierig, geschickt, furchtlos, aktiv, aufgeschlossen, intelligent
Pflege: wenig bis mittel, regelmäßiges Bürsten oder Kämmen
Haltererfahrung: Erfahrene

1.1.43 RUSSISCH BLAU

Herkunftsland: vermutlich Russland
Größe: mittel
Felllänge: kurz
Farben: Blau bis Blaugrau, selten Weiß oder Schwarz
Charakter: sehr anhänglich, verschmust, freundlich, lebhaft, menschenbezogen
Pflege: wenig, gelegentliches Bürsten oder Kämmen
Haltererfahrung: Anfänger

1.1.44 SAVANNAH-KATZE

Herkunftsland: Amerika
Größe: mittel, groß bis sehr groß
Fellllänge: kurz
Farben: meist bräunliche bis rote Grundfarbe, typische Tupfen, seltener Marbled oder Blau
Charakter: manchmal etwas eigen, teils zurückhaltend, abenteuerlustig, wirken manchmal wie „verwildert“, können aber auch sehr anhänglich sein, hoher Bewegungsdrang, sehr intelligent
Pflege: wenig, gelegentliches Bürsten oder Kämmen
Haltererfahrung: Erfahrene, Profi

1.1.45 SCOTTISH FOLD

Herkunftsland: Schottland
Größe: mittel bis groß
Fellllänge: kurz
Farben: alle Farben sind möglich
Charakter: ausgeglichen, freundlich, verschmust, ruhig
Pflege: wenig, gelegentliches Bürsten oder Kämmen
Haltererfahrung: Anfänger

1.1.46 SELLKIRK REX

Herkunftsland: Amerika
Größe: groß
Fellllänge: kurz, gekräuselt
Farben: alle Farben sind möglich
Charakter: verschmust, anhänglich, intelligent, ausgeglichen
Pflege: wenig, gelegentliches Bürsten oder Kämmen
Haltererfahrung: Anfänger

1.1.47 SIAM

Herkunftsland: Thailand
Größe: klein bis mittel
Felllänge: sehr kurz
Farben: Siamzeichnung auf weißem bis cremefarbenem Fell
Charakter: sehr anhänglich, menschenbezogen, verschmust, kommunikativ, verspielt, sehr intelligent
Pflege: wenig bis keine, gelegentliches Bürsten oder Kämmen
Haltererfahrung: Anfänger

1.1.48 SIBIRISCHE KATZE

Herkunftsland: Russland
Größe: mittel
Felllänge: mittellang bis lang
Farben: Fast alle Farben sind möglich
Charakter: ursprünglich, unkompliziert, bewegungsfreudig, freundlich
Pflege: mittel, regelmäßiges Bürsten oder Kämmen
Haltererfahrung: Anfänger, Erfahrene

1.1.49 SINGAPURA

Herkunftsland: Vermutlich Singapur
Größe: sehr klein
Felllänge: kurz
Farben: Sepia bzw. Sepia Agouti
Charakter: extrem bewegungsfreudig, braucht viel Beschäftigung, sehr aufweckt, aktiv
Pflege: wenig, gelegentliches Bürsten oder Kämmen
Haltererfahrung: Anfänger, Erfahrene

1.1.50 SNOWSHOE

Herkunftsland: Amerika
Größe: klein
Felllänge: kurz
Farben: alle Siam-Farben, immer weiße Pfoten
Charakter: intelligent, lebhaft, aktiv, aufweckt, braucht viel Bewegung und Beschäftigung
Pflege: wenig, gelegentliches Bürsten oder Kämmen
Haltererfahrung: Erfahrene

1.1.51 SOKOKE

Herkunftsland: Afrika
Größe: klein bis mittel
Felllänge: kurz
Farben: gestromte Zeichnung auf grauem bis goldbraunem Grund
Charakter: recht ursprünglich, aktiv, aufgeweckt, intelligent
Pflege: wenig, gelegentliches Bürsten oder Kämmen
Haltererfahrung: Erfahrene

1.1.52 SOMALI

Herkunftsland: wahrscheinlich Großbritannien
Größe: mittel
Felllänge: mittellang bis lang
Farben: Wild, Blau, Sorrel, Fawn
Charakter: lebendig, aktiv, hoher Bewegungsdrang, intelligent, gesellig
Pflege: wenig bis mittel, regelmäßiges Bürsten oder Kämmen
Haltererfahrung: Anfänger, Erfahrene

1.1.53 SPHYNX-KATZE

Herkunftsland: Kanada
Größe: mittel
Felllänge: kein Fell, maximal dünner „Flaum“
Farben: alle Farben sind möglich
Charakter: manchmal etwas eigen, sehr intelligent, verschmust
Pflege: keine
Haltererfahrung: Erfahrene

1.1.54 THAIKATZE

Herkunftsland: Thailand
Größe: klein bis mittel
Felllänge: sehr kurz
Farben: Point-Farben oder Tabby
Charakter: sehr intelligent, anhänglich, sensibel, aktiv, eigenwillig
Pflege: wenig, gelegentliches Bürsten oder Kämmen
Haltererfahrung: Erfahrene, Profi

1.1.55 TIFFANIE

Herkunftsland: Großbritannien
Größe: klein bis mittel
Felllänge: mittellang
Farben: Chocolate, Schwarz, Blau, Cinnamon, Lilac und Fawn
Charakter: ruhig, ausgeglichen, entspannt, kommunikativ
Pflege: wenig bis mittel, regelmäßiges Bürsten oder Kämmen
Haltererfahrung: Anfänger

1.1.56 TONKANESE

Herkunftsland: Asien
Größe: mittel
Felllänge: kurz
Farben: Braun, Chocolate, Blau, Rot, Creme, Lilac, Tortie
Charakter: sehr intelligent, aktiv, abenteuerlustig, verschmust, verspielt
Pflege: wenig, gelegentliches Bürsten oder Kämmen
Haltererfahrung: Anfänger, Erfahrene

1.1.57 TOYGER

Herkunftsland: Amerika
Größe: mittel
Felllänge: kurz
Farben: Brown Tabby Mackarel
Charakter: verschmust, freundlich, aktiv, neugierig, intelligent
Pflege: wenig, gelegentliches Bürsten oder Kämmen
Haltererfahrung: Erfahrene

1.1.58 TÜRKISCH ANGORA

Herkunftsland: Türkei
Größe: mittel
Felllänge: mittellang bis lang
Farben: Weiß, seltener auch Rot oder Schwarz
Charakter: sehr intelligent, sehr verschmust, menschenbezogen
Pflege: mittel bis hoch, regelmäßiges Bürsten oder Kämmen
Haltererfahrung: Anfänger

1.1.59 TÜRKISCH VAN

Herkunftsland: Großbritannien
Größe: mittel
Felllänge: mittellang bis lang
Farben: Weiß mit Zeichnungen an Kopf und Schwanz, seltener Blau oder Schwarz
Charakter: sehr intelligent, wissbegierig, aufgeweckt, aktiv
Pflege: mittel bis hoch, regelmäßiges Bürsten oder Kämmen
Haltererfahrung: Anfänger, Erfahrene

1.1.60 YORK (YORK CHOCOLATE)

Herkunftsland: Amerika
Größe: mittel bis groß
Felllänge: mittellang, flauschig
Farben: Chocolate, seltener Lilac, mit weißen Abzeichen möglich
Charakter: sehr ruhig, freundlich, aufgeschlossen, neugierig
Pflege: wenig bis mittel, regelmäßiges Bürsten oder Kämmen
Haltererfahrung: Anfänger

2. Anschaffung der Katze

Die Entscheidung ist getroffen – das neue Haustier soll Schnurrhaare und Samtpfoten besitzen. Damit gehören Sie in Deutschland zur Mehrheit, denn kein anderes Haustier erfreut sich so großer Beliebtheit wie die Katze. Doch auch diese zarten Tiere haben gewisse Ansprüche und das Zusammenleben mit ihnen ist nicht immer einfach. Damit Sie für das Zusammenleben mit Ihrer Katze gewappnet sind, erfahren Sie in diesem Ratgeber alles über die Haltung von Katzen, von der Anschaffung über die artgerechte Ernährung bis hin zu Tipps zum richtigen Spielen mit ihrem Stubentiger und natürlich alle wichtigen Informationen über die Erziehung Ihres neuen tierischen Mitbewohners, denn im Gegensatz zur weitläufigen Meinung lassen sich Katzen sehr wohl erziehen. Man muss nur wissen, wie.

2.1 VOR DEM KAUF

Bevor Sie losgehen und sich für einen neuen Mitbewohner entscheiden, sollten Sie sich zum einen über die verschiedenen Rassen informieren und schon einmal eine Vorauswahl treffen. Dafür sind weiter vorn im Ratgeber sämtliche Rassen aufgelistet. Zu jeder Rasse sind auch die wichtigsten Informationen zusammengefasst, wie Größe, Haarlänge und Charakter. Sie finden dort ebenfalls eine Angabe darüber, wie viel Katzenerfahrung Sie bereits vorweisen sollten, wenn Sie überlegen, sich eine bestimmte Rasse ins Haus zu holen. Denn diese Frage ist, als eine von vielen, sehr wichtig. Bevor Sie Ihre neuen tierischen Mitbewohner bei sich einziehen lassen, sollten Sie sich folgende Fragen stellen:
Welche Katze passt zu mir? Möchte ich sehr aktive Tiere oder lieber ruhige? Klein, mittel, groß? Kurzes Fell, mittellang oder doch Langhaarkatzen? Möchte ich mich der Aufgabe stellen, Kitten großzuziehen, oder sollte es doch lieber schon eine erwachsene(re) Katze sein, die die Grundlagen eines Katzendaseins in Menschenobhut schon kennt? Eine oder zwei Katzen?

Sind genügend Stellplätze für die Katzentoiletten gegeben? Habe ich ausreichend finanzielle Rücklagen, falls mal eine Operation ansteht oder die Katze chronisch krank wird und regelmäßig teure Medikamente benötigt? Des Weiteren sollten Sie sich bereits mit dem Thema Ernährung auseinandergesetzt haben und sich schon einmal im Vorfeld informieren und auch ausrechnen, welche Kosten allein für Futter und Katzenstreu auf Sie zukommen. Außerdem sollten bereits einige Vorbereitungen getroffen werden, bevor Sie mit der Transportbox in der Hand nach Hause kommen. So sollten bereits vor dem Einzug der Katze sämtliche Utensilien vorhanden sein, von Katzentoiletten über Näpfe bis hin zu Kratzbaum, Spielzeug und Bürste. Mehr dazu erfahren Sie im Kapitel „3.1 Katzengerechte Einrichtung".

Und dann könnte es theoretisch auch schon losgehen – die Katze könnte einziehen. Doch vorher gibt es noch einiges zu tun und Sie sollten bereits die Antworten auf einige Fragen parat haben.

2.2 VORBEREITUNGEN VOR DEM EINZUG DER SAMTPFOTEN

Ein paar Tage bevor Ihre neuen Mitbewohner einziehen, sollten Sie bereits alles Wichtige einkaufen. Zu diesen Dingen zählen:

- Katzentoiletten (Anzahl der Katzen +1)
- Futternäpfe (Anzahl der Katzen)
- Wassernäpfe (Anzahl der Katzen)
- ggf. Trinkbrunnen (einer reicht)
- Kratzbaum (mit genügend Liegeflächen und Höhlen für alle Katzen)
- ggf. Kratzbretter oder andere Kratzutensilien (Anzahl der Katzen)
- Spielzeuge (siehe Kapitel 4)
- Futter (je nachdem, ob Sie vom Vorbesitzer oder Tierheim Futter mitbekommen, wenn Sie die Katzen abholen, entweder etwas mehr davon oder das, was Sie füttern möchten)
- Transportboxen (Die Anzahl variiert je nach Anzahl und Größe der Katzen sowie der Größe der Box(en))

- ggf. Schlafdecken oder weitere Körbchen
- eine Grundausstattung an Utensilien wie Krallenschere, Zeckenzange, Bürste, Kamm
- Katzengras (entweder bereits gewachsenes oder welches zum selber ziehen)

Wenn alles eingekauft ist, sollten Sie sämtliche Utensilien bereits aufstellen, aufbauen und bereitlegen, bevor die Katzen einziehen, damit Sie das nicht in Hektik machen müssen, wenn die Neuankömmlinge bereits da sind und eigentlich Ruhe benötigen, um sich einzuleben.

Für die optimale Versorgung Ihrer Katzen sollten Sie außerdem bedenken, dass Sie

- immer eine Toilette mehr benötigen, als Katzen im Haushalt leben (werden)
- Futter- und Wassernäpfe nicht zusammen stehen dürfen, sondern in der Wohnung verteilt sein sollten
- Katzen fließendes Wasser bevorzugen und Näpfe nur selten angerührt werden (siehe Kapitel 3.3)
- jede Katze einen eigenen, gleichwertigen Schlafplatz benötigt, damit es nicht zu Streit kommt

Wichtig: Der Zugang zur den Katzentoiletten muss IMMER gegeben sein! Wenn eine Toilette also beispielsweise im Bad steht, bitte nicht die Badezimmertür verschließen. Dies kann sonst zu Unsauberkeit führen! Außerdem sollten Sie auf eine regelmäßige und gründliche Hygiene in den Katzentoiletten achten. Ganz unabhängig davon, dass es sonst auch schnell zur einer starken Geruchsbelästigung kommen kann, sind Katzen sehr reinliche Tiere. In eine Toilette, in der bereits Kot oder Urin vorhanden ist, löst sich eine Katze nicht noch einmal! Steht dann keine weitere saubere Toilette zur Verfügung, wird sie sich notgedrungen einen anderen Platz suchen, wo sie ihr Geschäft verrichten kann. Dies kann dann leider auch mal ein Teppich, die Couch oder sogar Ihr Bett sein. Allein schon deshalb ist es wichtig, dass Sie immer möglichst zeitnah die Hinterlassenschaften in den Toiletten entfernen und das Streu regelmäßig wechseln. Es gibt außerdem

Katzen, die nicht in dieselbe Toilette urinieren, in die sie koten. Ist dies der Fall, sollten Sie pro Katze zwei Toiletten zur Verfügung stellen.

Eine gute Möglichkeit, die Geruchsbelästigung in einem erträglichen Rahmen zu halten, ist die Verwendung von Windeleimern. Diese schließen nahezu luftdicht ab und verhindern so, dass die Gerüche nach außen dringen. Doch auch diese Eimer sollten natürlich zeitnah und regelmäßig geleert und gereinigt werden.

Außerdem sollten Sie in Ihrer Wohnung nach Verletzungsmöglichkeiten Ausschau halten. Dazu zählen zerbrechliche Dinge, die sich auf Regalen befinden, sowie ungesicherte Fenster (in Kippstellung), aber auch ein ungesicherter Balkon, von dem die Katzen herunterfallen könnten. Zur Absicherung gibt es sowohl für die Fenster als auch für den Balkon spezielle Netze bzw. Vorrichtungen, die verhindern, dass die Katzen sich dort verletzen oder einklemmen können. Außerdem verhindern gesicherte Fenster und Balkone, dass zu freiheitsliebende Katzen, die eigentlich reine Wohnungskatzen bleiben sollten, doch einmal das Weite suchen. Auch sehr abenteuerlustige Katzen könnten so schnell in Schwierigkeiten geraten, wenn insbesondere gekippte Fenster nicht gesichert werden. Nicht wenige Katzen verlieren dadurch jedes Jahr ihr Leben.

Ebenso gefährlich wie gekippte Fenster sind offenstehende Waschmaschinen und Trockner. Katzen mögen es geschützt und dunkel. An solchen Orten fühlen Sie sich sicher. Leider kann es passieren, dass Sie gerade noch die fehlende Socke holen wollten, damit Sie direkt danach die Waschmaschine anschalten können, doch während Sie nur kurz das Bad verlassen haben, hat es sich Ihre Katze in der Waschmaschine gemütlich gemacht. Sie bemerken dies jedoch nicht, packen die fehlende Socke mit dazu, schließen die Tür und starten das Waschprogramm... Auf diese Art und Weise sind schon viele Stubentiger ums Leben gekommen. Achten Sie also IMMER darauf, ob sich vielleicht eine der Samtpfoten im Wäscheberg in der Waschmaschine befindet, bevor Sie die Maschine einschalten. Das Gleiche gilt im Übrigen für den Trockner.

Ein weiterer Punkt, der sehr wichtig ist, ist die Bestimmung Ihrer Zimmerpflanzen. Viele Pflanzen, die uns Menschen gefallen, sind für Katzen hochgradig giftig. Zu ihnen zählen:

- Agave
- Alpenveilchen
- viele Aloe-Arten
- Amaryllis
- Aralie
- Avocado
- Azaleen
- Baumfreund (besser bekannt als Philodendron)
- Birkenfeige
- Bogenhanf
- Buchsbaum
- Buntwurz
- Call
- Christrose
- Chrysanthemen
- Clivia
- Dickblatt
- Dieffenbachie
- Dipladenie
- Drachenbaum
- Edelweiß
- Efeu
- Eisenhut
- Einblatt
- Elefantenohr
- Engelstrompete
- Farne
- Fensterblatt
- Fingerhut

- Flamingoblume
- Flieder
- Geranien
- Ginster
- Goldregen
- Gummibaum
- Heckenkirsche
- Hibiskus
- Hortensien
- Hyazinthen
- Kaladien
- Kakteen (die aufgrund ihrer Stacheln schon sehr gefährlich sind)
- Krokusse
- Liliengewächse
- Liguster
- Lorbeeren
- Magnolien
- Maiglöckchen
- Märzenbecher
- Mistel
- Nachtschattengewächse
- Narzissen
- Oleander
- Osterglocken
- Orchideen
- Passionsblumen
- Primeln
- Ritterstern
- Seidelbast
- Schnee-auf-dem-Berg
- Stechpalmen
- Spindelbaum

- Tabakpflanzen
- Tollkirschen
- Tulpen
- Wolfsmilcharten
- Weihnachtssterne
- Wunderstrauch
- Yucca
- Zierpaprika
- Zimmerahorn
- Zimmercalla

Auch draußen finden sich etliche Pflanzen, Bäume und Büsche, die für unsere Stubentiger giftig sind, jedoch besteht draußen weniger die Gefahr, dass sie daran knabbern, da sie dort meist mit Reviermarkieren, Jagen, Fährten verfolgen und Erkundungen beschäftigt sind und nicht vor Langeweile versuchen, die Einrichtung zu fressen, wie es in der Wohnung der Fall sein kann. Dennoch sollten Sie wissen, welche Pflanzen zum Beispiel im eigenen Garten eher weniger geeignet sind. Dazu zählen:

- Efeu
- Eibe
- Goldregen
- Herkulesstaude
- Hortensie
- Kirschlorbeer
- Kreuzkraut
- Lilie
- Maiglöckchen
- Mistel
- Narzisse
- Rhododendron
- Wunderbaum

Alternativ können Sie folgende Pflanzen bedenkenlos anpflanzen:
- Bambus
- Katzengamander
- Katzengras
- Katzenminze
- Lavendel
- Melisse
- Wollziest
- Ysop
- Zyperngras

2.3 EINE ODER ZWEI KATZEN?

Der Trend in der Katzenhaltung geht immer mehr zur Zweitkatze. Dies hat einen ganz einfachen Grund: Zwei Katzen können viel mehr miteinander interagieren und sich miteinander beschäftigen, als es eine einzelne Katze mit „ihrem" Menschen je könnte. Wir Zweibeiner gehen arbeiten, müssen den Haushalt erledigen, einkaufen gehen, kochen, putzen, Wäsche waschen und vieles mehr. Das bisschen Freizeit, was dann übrig bleibt, verbringen wir im Kino, zusammen mit Freunden, im Café oder Restaurant oder einfach auf der Couch sitzend und unser Stubentiger langweilt sich zu Tode. Allein um diesem Zustand vorzubeugen, ist es definitiv sinnvoll, sich **zwei** Katzen anzuschaffen.

Am harmonischsten ist dabei die Kombination aus einem kastrierten Kater und einer kastrierten Katze. Aber auch zwei Kater können sich verstehen. Bei zwei Katzen kann es hingegen zu Zoff kommen, aber Ausnahmen bestätigen auch hier die Regel. Und auch wenn Sie jetzt sagen, Sie hätten genügend Zeit, um sich mit Ihrer einzelnen Katze zu beschäftigen, so bedenken Sie, dass eine Katze rund 18 Stunden am Tag schläft. Dies klingt erst einmal nach viel, aber selbst dann bleiben noch 6 volle Stunden, während denen die Katze wach ist und beschäftigt werden möchte. In der Natur würde sie diese Zeit nutzen, um in ihrem Revier herumzustromern, Fährten zu verfolgen, zu jagen und zu fressen.

Da unsere Stubentiger jedoch selten ihr Futter selbst erlegen müssen und meist auch kein allzu großes Revier haben (gerade bei reinen Wohnungskatzen), fallen diese Beschäftigungen schon einmal weg. Somit bleiben, wenn man die Zeit für Fressen und Trinken abzieht, mehr als 5 Stunden übrig, die ihre Katze gern mit Abenteuern füllen würde. Haben Sie wirklich gute 5 Stunden am Tag Zeit, um sich intensiv mit Ihrer Katze zu beschäftigen? Und das **jeden Tag**? Wohl kaum. Tun Sie darum sich und Ihrer Katze den Gefallen und nehmen Sie direkt einen Spielgefährten mit dazu. Das nimmt auch Ihnen die Last von den Schultern, sich jeden Tag die Zeit nehmen *zu müssen,* mit Ihrer Katze zu spielen und sie zu beschäftigen, denn seien wir mal ehrlich – es gibt Tage, an denen sind 24 Stunden einfach nicht genug und der Kopf ist voll, jedoch selten mit Beschäftigungsmöglichkeiten für Ihren Stubentiger.
Nun wissen Sie, dass zwei Katzen besser als eine sind. Doch woher bekommt man das perfekte Katzenduo?

2.4 ZÜCHTER, PRIVATABGABE ODER TIERHEIM

Wenn es darum geht, woher man seine neuen Mitbewohner bekommt, hat man die Wahl zwischen einem Züchter, dem Tierheim oder privaten Anbietern. Egal, wie Sie sich entscheiden – es gibt immer Vor- und Nachteile. Beim Züchter können Sie genau die Rasse bekommen, die Sie sich vorstellen. Sie werden meist sehr gut beraten und können auch nach dem Kauf Fragen stellen. Ein weiterer Vorteil ist, dass Sie den Wurf meist schon früh besuchen können und sich für das perfekte Duo entscheiden können. Der Züchter kennt seinen Nachwuchs sehr gut und kennt die Charaktere der Katzen und kann Ihnen beratend zur Seite stehen. Dafür kosten Rassekatzen in der Regel auch deutlich mehr.

Im Tierheim hingegen haben Sie eine größere Auswahl an Rassen und Altersklassen. Vom Kitten bis zur Senior-Katze ist quasi alles dabei. Die

Tiere dort hatten jedoch meist schon mindestens einen Vorbesitzer und haben Erfahrungen gemacht, die man aus ihrer Erinnerung nicht löschen kann. Das muss natürlich nicht immer negativ sein, aber manche Katzen werden so zu schwer vermittelbaren „Dauergästen" im Tierheim. Preislich liegen Sie hier jedoch weit unter dem, was ein Züchter für eine Rassekatze mit Stammbaum verlangt und auch die Beratung ist in den meisten Fällen sehr gut. Sie müssen sich hier jedoch auch darauf einstellen, dass es Nachkontrollen gibt. Damit stellt das Tierheim sicher, dass es ihren ehemaligen Schützlingen im neuen Zuhause gut geht. Manche Tierheime bieten gerade bei älteren oder chronisch kranken Katzen den Service an, dass man die Tiere kostenlos beim Tierheim-Tierarzt behandeln lassen kann, bis das Tier verstirbt.

Die letzte Variante wäre der Kauf von einem der vielen privaten Anbieter, die meist über die gängigsten Kleinanzeigenportale zu finden sind. Bei diesen Tieren kann es sich um einen ungeplanten „Unfallwurf" handeln, einen Hobbyzüchter, aber oftmals eben leider auch um Vermehrer, denen das Wohl der Tiere nicht wichtig ist und die keinerlei Wert auf die Gesundheit von Elterntieren und Kitten legen. Wenn Sie also von privat kaufen, schauen Sie sich die Haltung genau an. Bestehen Sie auch darauf, mindestens das Muttertier sehen zu dürfen. Und auch wenn Sie an einen solchen Vermehrer geraten, die Tiere in einem schlechten Zustand sind und Ihnen die Katzen unendlich leidtun, so begehen Sie nicht den Fehler, einen Mitleidskauf zu tätigen! Das Geld, das Sie diesen Leuten geben, wird nicht dazu genutzt, die Bedingungen der Haltung zu verbessern, sondern wandern komplett in die Tasche der Menschen und die Nachfrage bestimmt bekanntlich das Angebot. Solange Menschen aus Mitleid oder auch aus Unwissenheit solche Tiere kaufen, werden diese weiter „produziert". Sollten Sie also an einen solchen Vermehrer geraten und die Haltung vor Ort als nicht zulässig und tierschutzwidrig einstufen, kaufen Sie kein Tier, sondern informieren Sie das Veterinäramt!

Egal, von wo Sie Ihre Katzen kaufen – achten Sie immer auch auf das Abgabealter. Ein Anbieter oder Züchter, der Ihnen die Kitten in einem Alter von unter 10 Wochen verkaufen möchte, ist nicht seriös und sollte nicht unterstützt werden. Das ideale Abgabealter beträgt sogar 12 Wochen. So haben die Kleinen genügend Zeit, das Sozialverhalten von ihrer Mutter zu erlernen und sind wesensfest genug, um in ihr neues Zuhause umziehen zu können.

Ein weiterer Punkt, den Sie beim Kauf Ihrer neuen Mitbewohner beachten sollten, ist tatsächlich, was die Katzen vorher zu fressen bekommen haben. Katzen sind sehr wählerisch und meist recht mäkelig und fressen ihr Leben lang nur das, was sie als Katzenwelpen kennengelernt haben. Gerade wenn Sie sich für eine bestimmte Art der Fütterung entschieden haben und der Vorbesitzer etwas völlig anderes füttert, kann es schwer werden, die Katze umzugewöhnen. Ideal ist es daher, wenn der Vorbesitzer entweder direkt hochwertig gefüttert hat (hochwertiges Dosenfutter oder roh) oder eine Mischung aus allem.

2.5 KITTEN ODER ERWACHSENE KATZE?

Natürlich sind Kitten extrem süß und tapsig und man erfreut sich jeden Tag daran, die Kleinen aufwachsen zu sehen. Jedoch sollte man auch bedenken, dass diese kleinen Kitten noch viel lernen müssen. Alltagsgeräusche, die Benutzung der Katzentoilette, das generelle Katzen-ABC, die Verbote im Haushalt (wie zum Beispiel keine Dinge von Regalen zu stoßen) sind nur einige der Dinge, die Sie Ihren kleinen Kitten beibringen müssen. Holen Sie sich hingegen eine ältere Katze ins Haus, kennt diese in der Regel schon alle Gepflogenheiten und braucht weniger Erziehung. Am Ende sollte bei dieser Entscheidung also nicht nur das Herz entscheiden, sondern auch ein Stück weit die Vernunft. Denn sind die Kitten erst einmal eingezogen, beginnt eine teilweise doch recht anstrengende Phase, in der Sie viel Zeit und auch Nerven investieren müssen.

2.6 DIE ERSTEN TAGE IM NEUEN ZUHAUSE

Nun ist es soweit – die Katzen sind eingezogen. Die ersten Tage im neuen Zuhause werden mit Sicherheit spannend für Tier und Mensch. Damit alles möglichst reibungslos klappt, sollten Sie ja bereits im Vorfeld einiges eingekauft und eingerichtet haben (siehe Kapitel 2.2). Wenn Sie Ihre neuen Mitbewohner abgeholt haben und beide in der Transportbox (oder je nach Alter und Größe der Katzen in den Transportboxen) in Ihre Wohnung gebracht haben, kommt der spannende Moment. Je nach Charakter werden Ihre Samtpfoten entweder direkt auf Erkundungstour gehen, sich nicht aus der Box trauen oder aus der Box springen und sich verstecken. Egal wofür die Katzen sich entscheiden – lassen Sie sie machen. Laufen Sie nicht immer hinter ihnen her, sondern lassen Sie sie in Ruhe erkunden und entdecken. Futter sollte ja bereits bereitstehen, sodass die Neuankömmlinge auch fressen können, falls sie hungrig sind, ohne dass sie erst noch viel Aufwand betreiben müssen und durch die Wohnung laufen müssen, um Nahrung zu finden. Setzen Sie sich einfach entspannt irgendwo hin und beobachten Sie Ihre neuen Mitbewohner. Sobald Sie merken, dass die Katzen entspannter werden, können Sie auch erste Annäherungsversuche starten. Wenn es bereits ältere Katzen sind, die ihren Namen kennen, können Sie sie rufen und ein paar Leckerchen bereithalten. Sind die Katzen etwas scheuer, können Sie die Leckerchen auch vor sich auf dem Boden verstreuen und warten, ob sie zu Ihnen kommen und Kontakt aufnehmen möchten.

Es ist im Übrigen ratsam, die Katzen am späten Nachmittag oder frühen Abend abzuholen und in ihr neues Zuhause zu bringen, da abends in der Regel etwas Ruhe einkehrt ist und die Katzen auch relativ zeitnah durch Einkehr der Nachtruhe die Möglichkeit haben, ungestört alles erkunden zu können, ohne dass der Mensch sie dabei stört oder dauerhaft „belagert". Wenn dann am frühen Morgen (im Idealfall ein Urlaubstag oder Wochenende) langsam Leben in die Wohnung kommt, haben sich die Neuankömmlinge bereits umgesehen, wissen, wo sie sich verstecken können und alles startet ruhig und gemächlich. Vermeiden Sie es in jedem Fall, die Katzen in Ihren Haushalt zu holen, wenn am nächsten Tag gleich Action angesagt ist (die Kinder müssen fertig gemacht und zur Schule gebracht werden, die Brote müssen geschmiert werden, die Krawatte ist unauffindbar und jeder rennt hektisch herum und macht Lärm). Zwar könnte man an dieser Stelle einwerfen, dass sich die Katzen auch an diesen Trubel gewöhnen müssen, was grundsätzlich auch stimmt, aber so kurz nach dem Einzug ist das doch eher kontraproduktiv.

Erst wenn die Katzen sich in ihrem neuen Zuhause eingelebt haben, ihre neuen Besitzer besser kennengelernt haben und Vertrauen gefasst haben, sollte der eigentliche Trubel starten.

2.7 VERGESELLSCHAFTUNG VON KATZEN

Die Vergesellschaftung zweier älterer Katzen kann sich als problematisch darstellen. Natürlich hängt das auch immer vom Charakter der einzelnen Tiere ab und davon, ob die Katzen bereits Katzengesellschaft kennen. Bei zwei recht ruhigen, sozialen Individuen ist die Vergesellschaftung relativ simpel. Sind es jedoch beides charakterstarke Tiere oder eines ist sehr territorial und dominant und das andere eher unterwürfig und ängstlich, dann kann es zu Problemen kommen.

2.7.1 ZWEI SOZIALE KATZEN VERGESELLSCHAFTEN

Diese Konstellation ist, wenn die Charaktere zueinander passen, relativ simpel.

Schon bevor die neue Katze einzieht, sollte der Geruch „ausgetauscht“ werden. Dafür werden beispielweise beliebte Körbchen oder Decken ausgetauscht, sodass jede Katze schon einmal den Geruch der anderen wahrnehmen und kennenlernen kann. Bevor die neue Katze zu Ihnen zieht, sollte ein separates Zimmer vorbereitet werden. Dort sollten sich Schlafplatz, Fress- und Trinknapf bzw. Trinkbrunnen und ein paar Spielzeuge befinden.

Nach der Ankunft sollte die neue fellige Mitbewohnerin erst einmal in den separaten Raum gesetzt werden. Sie benötigt Zeit, um „anzukommen“, sich an die neue Wohnung und die neuen Menschen zu gewöhnen. Nach einigen Stunden, oder bei etwas unsicheren Katzen auch nach einem Tag, sollten die Räumlichkeiten dann getauscht werden. Das heißt, Sie setzen die bereits vorhandene Katze in den separaten Raum und lassen die neue Katze in das Reich der Alteingesessenen. Wichtig: Die Katzen sollten sich dabei **noch nicht begegnen**! Lassen Sie beiden nun Zeit, den Geruch der anderen Katze wahrzunehmen, und vor allem sollte die neue Katze genügend Zeit bekommen, um sich den Rest der Wohnung genau ansehen zu können, um beispielsweise Fluchtmöglichkeiten und Rückzugsorte ausfindig zu machen. Wenn beide Katzen entspannt sind, kann nun auch bereits die erste Begegnung stattfinden. Wenn es zwei gut sozialisierte Katzen sind, wird diese in der Regel recht entspannt ablaufen. Dennoch sollten Sie die beiden beobachten und notfalls eingreifen. Kleinere Reibereien sind jedoch normal, da die vorher vorhandene Katze in der neuen Katze einen Eindringling in ihr Revier sieht. Meist legen sich solche Streitigkeiten innerhalb von Stunden oder wenigen Tagen. Um den Stress aus der Situation zu nehmen, können Leckerchen angeboten werden oder neue spannende Spielzeuge bereitgestellt werden. So können sich beide Katzen voneinander ablenken.

2.7.2 ZWEI „SCHWIERIGERE“ KATZEN VERGESELLSCHAFTEN

Bei Katzen mit starken oder sehr unterschiedlichen Charakteren kann eine Vergesellschaftung deutlich schwieriger und langwieriger sein. Je nachdem, wie sehr die alteingesessene Katze ihr Revier verteidigt, kann sich die Vergesellschaftung auch über Wochen erstrecken. In manchen Fällen ist sogar die professionelle Meinung eines Katzentherapeuten notwendig.

Damit es bestenfalls nicht so weit kommt, sollten Sie einige Dinge beachten. Der Aufbau ist grundsätzlich ähnlich wie bei der Vergesellschaftung von sozialen und unkomplizierteren Katzen. Vor Ankunft der neuen Katze sollte auch bei dieser Vergesellschaftung ein separater Raum vorbereitet werden und die Katzen sollten bereits vorher den Geruch der anderen Katze kennengelernt haben (zum Beispiel durch den Austausch von Körbchen oder Decken). Auch bei dieser Konstellation sollte den Katzen die Möglichkeit gegeben werden, den Bereich der anderen zu inspizieren, zu erkunden und zu beschnuppern, natürlich wieder ohne, dass sich die Katzen dabei begegnen! Bei dieser Konstellation sollte dieser Austausch **öfter und länger** stattfinden als bei der Vergesellschaftung von sozialeren Katzen. Ein guter Zeitraum ist dabei etwa eine Woche, in der täglich für mehrere Stunden das „Revier" getauscht wird. Dann kommt es zur ersten Begegnung. Diese kann ganz unterschiedlich verlaufen. Entweder wird die ängstlichere Katze flüchten und sich erst einmal nicht mehr zeigen oder beide Katzen gehen auf Konfrontation. Die Ausmaße dieser Konfrontation können ganz unterschiedlich ausfallen. Manche Katzen fauchen sich nur an und umkreisen sich.

Andere greifen direkt an. Solange kein Blut fließt, sollten Sie dieses Verhalten auch nicht unterbinden. Es gehört zu einer solchen Situation dazu. Sollte es jedoch passieren, dass Blut fließt, dann sollten die Katzen sofort getrennt werden und ab diesem Zeitpunkt mindestens 2, besser 4 Wochen voneinander getrennt bleiben. In dieser Zeit sollte der Tausch der Reviere auch unterlassen werden, um den Stresspegel möglichst gering zu halten. Entweder suchen Sie nun den Rat eines Experten, wie einem Katzentherapeuten, oder Sie versuchen es noch einmal selbst. Dafür ist jedoch in jedem Fall eine gewisse Vorbereitung notwendig. Mit beiden Katzen sollte vor der erneuten Begegnung geclickert werden. Beide Katzen sollten also sicher verstehen, dass der Clicker die Bestätigung für richtiges Verhalten ist. Hilfreich ist es auch, wenn sie mithilfe des Clickers gelernt haben, auf ihren Namen zu hören und sich Ihnen zuzuwenden, wenn Sie den Namen nennen. So kann bei der zukünftigen Begegnung eingegriffen werden und die Aufmerksamkeit von der anderen Katze abgelenkt werden.

Wenn dies sicher klappt und beide Katzen auf ihren Namen hören und das Geräusch des Clickers mit etwas Positivem verbinden, können Sie erneut beginnen, den Geruch der beiden Katzen „auszutauschen“. Der Ablauf ist nun wieder so wie zu Beginn. Nach den Wochen der strikten Trennung dürfen die beiden auch wieder gegenseitig das Revier der anderen Katze erkunden. Selbstverständlich wieder, ohne sich dabei zu begegnen! Verlaufen diese Reviertausch-Aktionen friedlich und keine der Katzen ist angespannt, kann es zu einer erneuten Begegnung kommen. Wenn Sie unsicher sind, sollten Sie eine Gittertür nutzen, durch die die Katzen sich sehen und riechen können, aber keinerlei körperliche Interaktion möglich ist. Sollten Sie die Situation so einschätzen, dass Sie diese Tür nicht benötigen, sollten Sie am Tag der Begegnung jemanden um Hilfe bitten, der auch schon vorher mit den Katzen geclickert haben sollte und für die Samtpfoten kein gänzlich Fremder ist. Ihre Hilfsperson kümmert sich ausschließlich um eine Katze und Sie sich um die andere.

Öffnen Sie die Tür des separaten Raumes und beschäftigen Sie beide nur „Ihre“ Katze. Rücken Sie nach und nach Stück für Stück immer näher aneinander heran, sodass die Katzen die Möglichkeit bekommen, sich erneut zu beschnuppern. Jede Annäherung, jeder Blickkontakt zu der anderen Katze sollte sofort mit einem Click und einem Leckerchen bestätigt werden. Jegliches ruhige und antiaggressive Verhalten sollten beide Personen bei „Ihrer“ Katze bestätigen. Besonders überschwänglich und ausgiebig loben sollten Sie die Katzen, wenn es beispielsweise eine Berührung Nase an Nase gab. Sollte die Situation entspannt bleiben, können Sie die Tür geöffnet lassen, weiterhin die beiden Katzen beobachten und weiterhin immer wieder ruhiges Verhalten belohnen.

Wenn Sie unsicher sind, sollten Sie die Katzen nach einer kurzen Begegnung wieder trennen und diesen Ablauf mehrfach wiederholen. Bleibt es entspannt, können Sie die Katzen auch dauerhaft zusammen lassen. Lenken Sie sie mit spannenden (neuen) Spielzeugen ab und sorgen Sie für Abwechslung. Was im Übrigen auch sehr hilfreich sein kann: Kartons. Katzen und Kartons – die Geschichte einer ganz großen Liebe. Niemand weiß so wirklich warum, aber wenn irgendwo ein Karton herumsteht, ist es das dringende Bedürfnis einer jeden Katze, sich dort hineinzulegen. Egal, wie klein und eng es auch sein mag – Katzen versuchen, sich in nahezu jeden Karton hineinzuquetschen. Man weiß zumindest, dass dieses Verhalten Stress abbaut und die Katzen beruhigt. Genau das kann man sich bei einer etwas schwierigeren Vergesellschaftung zunutze machen. Auch nachdem es eine Weile ruhig bleibt, sollten Sie positives Verhalten weiterhin bestätigen, damit das gute Gefühl während der Anwesenheit der neuen Katze erhalten bleibt.

2.8 KATZEN UND ANDERE TIERE

Katzen sind zwar an sich sehr gesellige Tiere, doch mit manch anderen artfremden Tieren im Haushalt können sie so ihre Probleme haben. Allerdings hängt das primär davon ab, welche Tiere sie kennengelernt haben, als sie klein waren, und wie der Eindruck des Gegenübers war. Eine junge Katze, die von einem Hund verbellt, verfolgt oder gar angegriffen wurde, wird sich mit den kläffenden Ungetümen wohl nicht mehr anfreunden. War die Erfahrung hingegen positiv, sollte einem Zusammenleben mit einem kaltschnäuzigen Mitbewohner nichts im Wege stehen. Allerdings sollte man gerade bei der Kombination aus Hund und Katze bedenken, dass diese Tierarten eine oftmals grundsätzlich komplett konträre Körpersprache haben.

So bedeutet das Schwanzwedeln beim Hund oftmals Freude, gerade wenn der Schwanz sehr schnell wedelt. Tut eine Katze dies, bedeutet das vieles, aber ganz sicher keine Freude. So kann es schnell zu Missverständnissen kommen, die, wenn beide Tierarten nicht gewillt sind, die Körpersprache des Gegenübers zu lernen und zu verstehen, auch in blutigen Auseinandersetzungen enden können. Wobei man dazu sagen muss: Selbst der stärkste Rottweiler lässt sich von einer Katze durchaus beeindrucken.

So gibt es genügend Beispiel dafür, dass Katzen allein durch ihr selbstsicheres Auftreten und ihre sehr klare Körpersprache einen Hund dazu gebracht haben, das Weite zu suchen oder sich nicht am Stubentiger vorbei zu trauen. Katzen sind in ihrer Kommunikation nämlich sehr strikt. Hunde können viele Dinge ein wenig „verwaschen“ und somit unklarer aussehen lassen. Hinzu kommt, dass Hunde sehr auf Körpersprache fixiert sind und eine Katze, selbst wenn sie nur ruhig da liegt, eine gewisse Überlegenheit ausstrahlt, die für den Hund sehr beeindruckend ist.

Sollten Sie planen, zu Ihrem vorhandenen Hund zwei Katzen oder zu den Katzen einen Hund dazu zu holen, dann sollte die Zusammenführung beider Tierarten gut geplant sein. Denn auch Hunde können so ihr Problem mit Katzen haben, insbesondere dann, wenn sie in ihrem bisherigen Leben entweder noch gar keinem Stubentiger begegnet sind oder aber schlechte Erfahrungen gemacht haben. So oder so sollten Sie sich die Anschaffung der anderen Art zu einem vorhandenen Tier gut überlegen, denn es gibt auch Fälle, in denen die Zusammenführung nicht klappt und man sich dazu entscheiden muss, das vielleicht schon liebgewonnene Tier wieder abzugeben.

Sollten Sie dennoch fest entschlossen sein, sich entweder einen Hund zur Katze oder eine Katze zum Hund zu holen, dann sollten Sie das erste Zusammentreffen so positiv und so neutral wie möglich gestalten. Das heißt: ist bereits ein Hund vorhanden, sollte das erste Aufeinandertreffen nicht im Revier des Hundes, sprich in Ihrer Wohnung stattfinden, sondern an einem neutralen, aber gesicherten Ort (für den Fall, dass eines der beiden Tiere flüchtet). Ideal ist dabei immer die Kombination mit einer hundeerfahrenen Katze, da diese schon weiß, wie sie mit dem bellenden Ungetüm umgehen muss. Ein kleines Kitten ist meist überfordert, insbesondere wenn es sich um einen großen Hund handelt. So oder so sollten Sie darauf achten, dass zu keiner Zeit eine Verletzungsgefahr für alle Beteiligten besteht. Sollten Sie sich unsicher sein, wie der Hund reagiert, sollten Sie zur Sicherheit einen Maulkorb nutzen, um die Katze, aber ggf. auch sich selbst vor einem Biss zu schützen.

Wenn es dann soweit ist, dass die Tiere sich begegnen, sollten Sie eine „Notfall-Leine“ am Halsband des Hundes befestigen, um im Fall der Fälle eingreifen zu können. Sie können nun entweder Hund und Katze in verschiedenen Ecken des Raumes positionieren und versuchen, beide

„Parteien“ z.B. mit Clickertraining zu beschäftigen und sich nur langsam anzunähern, oder Sie vertrauen Ihrem Vierbeiner und lassen den Dingen erst einmal freien Lauf. Ideal wäre es in jedem Fall, wenn Sie jeglichen Sichtkontakt der beiden Parteien belohnen. Generell sollte jegliches ruhige Verhalten belohnt werden, damit die Grundstimmung entspannt und freundlich bleibt. Ein besonderes Lob haben sich beide Tierarten verdient, wenn es den ersten Körperkontakt gab und dieser ebenfalls friedlich verlaufen ist. Verläuft das Aufeinandertreffen friedlich, kann die nächste Begegnung dann im Revier des alteingesessenen Tieres stattfinden. Auch hier sollten Sie wieder kleinschrittig beginnen und jedes positive und ruhige Verhalten bestätigen und belohnen. Doch auch wenn es erst einmal friedlich aussieht, sollten Sie die beiden Tiere zu Beginn nie aus den Augen lassen, nicht zuletzt, weil es immer mal eine Situation geben kann, in der einer der beiden die Körpersprache des anderen missversteht oder es zum Beispiel Streit um ein Spielzeug oder um den Futternapf gab.

Da Hunde deutlich stärker auf den Menschen fixiert sind als Katzen, ist es in der Regel nicht problematisch, wenn nur ein Hund im Haushalt lebt. Bei Katzen hingegen sollten es, wie bereits weiter vorn im Buch erwähnt, im Idealfall immer mindestens zwei Katzen sein, die sich gegenseitig Halt geben und den Alltag ein wenig spannender machen, damit keine Langeweile aufkommt. Somit ist es auch kein Problem, wenn Hund und Katze nicht viel miteinander zu tun haben wollen, da der Hund immer noch seinen Menschen hat und die Katzen sich gegenseitig haben und sich miteinander beschäftigen können.

Doch es gibt neben Hunden ja auch noch andere Tiere, die sich mit uns das Haus oder die Wohnung teilen. Dazu zählen insbesondere Kleintiere wie Meerschweinchen und Kaninchen. Aber auch Ratten, Mäuse und Hamster gehören zu den sehr beliebten Haustieren der Deutschen. Allerdings gibt es da ein Problem: Diese Tiere sind allesamt plüschig, flauschig und passen hervorragend ins Beuteschema der Katze. Zwar wird sich eine 3 kg leichte Europäisch Kurzhaar wohl kaum an ein 5 kg Kaninchen herantrauen, aber selbst wenn sie nur einmal schnuppern gehen möchte, sich bei einer Bewegung des Kaninchens erschreckt und mit der Tatze nach dem Kaninchen schlägt, kann dies im wahrsten Sinne des Wortes böse ins Auge gehen. Alles was kleiner ist als ein Kaninchen, wie zum Beispiel ein Meerschweinchen oder gar die regulären Beutetiere wie Mäuse und Ratten, können da durchaus gefährlicher leben, wenn sich die ein oder andere Samtpfote mit im Haushalt befindet.

Darum gilt es hier ein besonderes Augenmerk darauf zu legen, dass sich Jäger und Beute nie begegnen und es für die Katze keine Möglichkeit gibt, die anderen Tiere zu verletzen. So reichen die regulären Abstände eines handelsüblichen Meerschweinkäfigs aus, damit die Katze mit der Pfote hineinlangen und einem Meerschweinchen Schaden zufügen kann. Mal ganz unabhängig davon, dass handelsübliche Käfige absolut ungeeignet sind für die Meerschweinchenhaltung, zeigt dies jedoch, dass Katzen durchaus einige Strategien entwickeln, um an eine Zwischenmahlzeit zu gelangen und dafür meist nicht mal unbedingt einen offenen Käfig oder Stall benötigen.

Somit sollte in der Mehrtierhaltung die Devise immer lauten: Sicherheit geht vor. Verschließen Sie also alle Käfige, Terrarien und auch Aquarien, denn nicht selten hat sich ein Stubentiger den ein oder anderen, teils sehr wertvollen Fisch geangelt und verspeist. Aber auch kleine Echsen oder Frösche können der Katze zum Opfer fallen, auch wenn sie diese eher selten frisst. Ärgerlich ist es dennoch allemal und dieses Leid hätte verhindert werden können. Achten Sie deshalb genau darauf, ob Ihre Katze nicht doch irgendwo ansetzen kann, um den Käfig zu öffnen, und an den lebendigen Inhalt gelangen kann.

Natürlich soll es Ausnahmen geben, bei denen Katzen friedlich mit Kaninchen oder Meerschweinchen kuscheln oder sogar eine Ratte auf sich herumkrabbeln lassen, aber dies sind eben wirklich Ausnahmen! Vertrauen Sie demnach nicht darauf, dass das schon gut gehen wird, nur weil sie das in einem YouTube-Video gesehen haben. Selbst Katzen, die mit anderen Tieren aufgewachsen sind und die Tiere somit von Anfang an kennen, können von einer Sekunde auf die andere zum Raubtier werden und ihren einstigen „Freund" schwer verletzten, töten und im Anschluss sogar fressen. Und niemand möchte seinem Kind erklären müssen, dass der Hamster jetzt in der Katzentoilette liegt... oder?

2.9 BISSE UND KRATZER ERNST NEHMEN!

Eine Katze, die sich unwohl fühlt und Abstand möchte, macht dies meist recht deutlich. Wer die Körpersprache falsch deutet und den „Gefahrenbereich" nicht schnell genug verlässt, wird zuerst meist angefaucht. Hilft auch das nicht oder hat die Katze nur einen kurzen Geduldsfaden, kann es auch passieren, dass Sie ihre Krallen zu spüren bekommen. Da Ihre Katze Ihnen nicht sagen kann, was ihr nicht passt, hat sie nur diese Möglichkeit, sich mitzuteilen. Reagiert Ihre Katze also vermeintlich „aggressiv" und verletzt Sie, reflektieren Sie zuerst sowohl Ihr eigenes Verhalten als auch das der Katze und schauen Sie, wo der Fehler lag. Eine Bestrafung der Katze wäre in dieser Situation im Übrigen kontraproduktiv, da Sie Ihr damit nur klar machen, dass es Sie nicht interessiert, wenn Ihre Katze Ihnen in der Katzensprache mitteilt, dass ihr etwas nicht passt. Dies kann sogar dazu führen, dass die Katze in Zukunft einige Zeichen der sogenannten „Eskalationsleiter" überspringt und direkt zum Angriff übergeht, anstatt Sie vorher zu warnen.

Wenn es dazu gekommen ist, dass Sie gekratzt oder sogar gebissen wurden, sollten Sie unverzüglich die Wunde reinigen, dafür sorgen, dass die Wunde nachblutet, und dann gut und gründlich desinfizieren. Sollten Sie unsicher sein, ist es keine Schande, einen Arzt aufzusuchen. Katzenkratzer und -bisse sind wahre Keimherde und können sich sehr schwer entzünden. Besonders Katzenbisse können gefährlich werden und sogar in einer Sepsis (Blutvergiftung) enden!

Aber auch Kratzer können gefährlich werden, nämlich dann, wenn sie die sogenannte „Katzenkratzkrankheit" auslösen. Diese wird durch das Bakterium *Bartonella hensela* ausgelöst und geht meist mit roten Pusteln oder Quaddeln an der Wunde einher. Weitere Symptome sind

Lymphknotenentzündungen und Schwellungen. Im Regelfall heilt diese Erkrankung relativ problemlos innerhalb von 2 bis 6 Monaten aus. Es gibt jedoch auch Fälle, in denen die Erreger andere Organe befallen und zu weiteren, teils schweren Krankheitsbildern führen.

Symptome eines schwereren Verlaufs sind vor allem: Übelkeit, Müdigkeit, Schmerzen, Kopfschmerzen, Halsschmerzen und Fieber. Sollten Sie also Veränderungen an der Kratz- oder Bissstelle feststellen, ein übermäßiges Brennen verspüren, sich matt und schwach fühlen oder andere Krankheitssymptome entwickeln, sollten Sie umgehend einen Arzt aufsuchen und ihm mitteilen, dass es eine katzenbedingte Verletzung gab!

Darum: Nehmen Sie Kratzer und Bisse bitte ernst!

3. Haltung der Katze

Sich Haustiere, insbesondere Katzen, anzuschaffen, ist sicher eine der besten Entscheidungen, die man treffen kann. Jedoch sollte man sich immer auch bewusst sein, dass Tiere bestimmte Ansprüche haben und ihre Bedürfnisse gestillt werden wollen. Jedes Tier ist einzigartig und bringt einen ganz eigenen Charakter mit. Damit das Zusammenleben mit den Samtpfoten harmonisch verläuft, sämtliche Belange abgedeckt sind und Sie bestens auf den Einzug Ihrer Katzen vorbereitet sind, sollten folgende Dinge beachtet werden.

3.1 KATZENGERECHTE EINRICHTUNG

Katzen sind von Natur aus sehr neugierig und lieben es, eine erhöhte Position einzunehmen. Das gibt ihnen Sicherheit, da sie von dort aus die Lage im Blick haben und potenzielle Feinde schneller entdecken können. Es gibt quasi kaum einen Ort, den sie nicht erreichen oder an dem sich die Samtpfoten nicht aufhalten, egal ob einzelnes Regal knapp unter der Zimmerdecke, bei dem man sich fragt, wie sie dort überhaupt hingekommen sind, die Ablage auf einem Möbelstück, die Gardinenstange oder der Küchenschrank. Selbst hinter einem eigentlich recht eng an der Wand stehenden Schrank wurde schon die ein oder andere Mieze gesichtet und die Halter waren oft verzweifelt, weil sie nicht wussten, wie sie ihren Vierbeiner dort wieder heraus bekommen sollten. Zum Glück schätzen Katzen ihre Fähigkeiten meist recht gut ein und kommen meistens auch wieder heraus, wo sie rein gekommen sind.

Damit aber dennoch nichts passiert und die Katzen sich nirgends verletzen können, sollten Sie schauen, was Sie im Idealfall schon vor dem Einzug ihrer neuen Mitbewohner wegräumen und katzensicher verstauen sollten. Besonders Kleinteile wie kleine Dekorationen, „Deko-Kies“ oder andere verschluckbare Dinge sollten möglichst sicher verschlossen werden! Auch das zu Weihnachten so beliebte Lametta kann den Tod für die Katze bedeuten, wenn sie sich darin verfängt, sich stranguliert oder das glänzende Zeug frisst.

Außerdem sollten Sie sich bewusst sein, dass Katzen ihre Krallen pflegen, indem sie mit ihnen an diversen Oberflächen kratzen. Dass das nicht immer unbedingt das bereitgestellte Kratzmöbel ist, sondern auch mal die Rückseite der Ledercouch sein kann, sollte Ihnen bewusst sein. Dennoch sollten Sie diesen Kampf nicht direkt im Vorfeld aufgeben, sondern dafür sorgen, dass möglichst viele und auch abwechslungsreiche Kratzutensilien vorhanden sind. So bieten sich dafür nicht nur mit Sisalseil eingewickelte Stämme von Katzenbäumen an, sondern auch einzelne Kratzstangen, Kratzmatten und auch Eckschoner für die Wände Ihres Zuhauses. Damit es eben nicht zu Zwischenfällen kommt, bei denen Ihre Couch oder ihre Wand daran glauben muss, sollten Sie sich daran orientieren, wo Ihre Katzen am liebsten ihre Krallen wetzen und im Idealfall genau dort oder zumindest in der unmittelbaren Nähe etwas zum Kratzen anbieten.

Ebenfalls zu beachten ist der Aufbau des Kratzbaums. Die meisten Modelle, die es im Handel zu kaufen gibt, sind so aufgebaut, dass ein problemloses Erklimmen der obersten Etagen nur schwer möglich ist. Das liegt zumeist daran, dass viele Elemente direkt übereinander angebracht sind. Achten Sie also darauf, dass der Kratzbaum so aufgebaut ist, dass alle Elemente wie Höhlen, Liegeflächen, etc. versetzt angebracht sind.

Da Katzen generell sehr kletterbegeistert sind, lässt es sich meist auch nicht verhindern, dass sie auf Regalen, oben auf Schränken, etc. herumklettern und ggf. dort auch Dinge beschädigen oder herunterwerfen. Um auch diesem Umstand vorzubeugen, gibt es spezielle „Cat-Walks“, die an die Wand geschraubt werden. Diese sind stabil, breit genug und werden von vielen Katzen sehr geschätzt und gern genutzt.

3.2 DAS RICHTIGE FUTTER

Katzen sind Jäger, Raubtiere und somit Fleischfresser. Sie fressen ihre erlegte Beute im Ganzen, das heißt mit Haut, Haar und Innereien. Da Katzen den Großteil ihres Flüssigkeitsbedarfs über die Nahrung decken und dementsprechend wenig trinken, sollte man als Halter diesem Bedürfnis bei der Fütterung nachkommen. Dies schließt die Fütterung von Trockenfutter gänzlich aus, da dieses in der Regel eine Restfeuchte von lediglich 7-10% aufweist, somit also viel zu wenig, um den Flüssigkeitsbedarf der Katze zu decken. Sogar ganz im Gegenteil! Um das Futter im Magen-Darm-Trakt aufspalten und verwerten zu können, wird sogar noch Flüssigkeit benötigt, da die Brocken sich sonst nicht auflösen würden.

Dementsprechend entzieht Trockenfutter dem Körper der Katze auch noch Wasser. Dies führt über die Zeit dazu, dass die Katze entweder ihren Flüssigkeitsbedarf über das Trinken von Wasser ausgleichen muss oder sie dauerhaft unter einem Flüssigkeitsmangel leidet, der unweigerlich zu einer Nierenproblematik führt. Nun könnte die Lösung ja so einfach sein. Man stellt der Katze einfach einen Wassernapf hin und wenn sie Durst hat, trinkt sie und gleicht somit den Flüssigkeitshaushalt aus. Dabei ist es aber leider so, dass Trinken zwar nicht gänzlich gegen die Natur der Katze ist, sie jedoch auch nicht darauf ausgelegt ist, Unmengen an Wasser separat zu sich zu nehmen. Somit widerstrebt es dem Stubentiger, sich jeden Tag in ausreichendem Maß am Wassernapf zu bedienen.

Die logische Konsequenz daraus lautet demnach: Trockenfutter ist tabu. Stattdessen sollte man auf ein hochwertiges Nassfutter zurückgreifen, das kein Getreide enthält und weder mit Zucker noch mit Konservierungsstoffen versetzt sein sollte. Als Alternative könnte man das füttern, was die Katze auch in der Natur fressen würde: Fleisch bzw. ganze Beutetiere. Der Fachhandel hält auch dafür mittlerweile ein relativ gutes Angebot bereit. So lassen sich heute problemlos tiefgekühlte fertige BARF-Menüs erwerben oder eben ganze Tiere wie Stubenküken, Mäuse und Ratten. Wer weder mit einer tiefgekühlten Ratte noch frischem Fleisch hantieren möchte oder sich unsicher ist, ob er von allem genügend füttert, der hat zum Glück auch eine große Auswahl an hochwertigem Dosenfutter. Der hohe Feuchtigkeitsgehalt, ein hoher Anteil an Fleisch und Innereien sowie die Ergänzung mit etwas Gemüse (die Betonung liegt auf ETWAS) sorgen dafür, dass es Ihren Katzen an nichts mangelt. Außerdem ersparen Sie sich somit das Zubereiten der Mahlzeiten oder den Anblick der auftauenden Beutetiere auf Ihrer Küchenarbeitsplatte.

3.3 WÜSTENTIER KATZE – WIE IHRE KATZE MEHR TRINKT

Trinken ist natürlich nicht gänzlich wider die Natur der Katze. Einen kleinen Anteil an Flüssigkeit nehmen auch unsere Stubentiger über das Trinken von Wasser zu sich. Allerdings sind sie dabei, nun ja, ein wenig speziell. Zum einen trinkt eine Katze nie dort, wo sie frisst. In der Natur ist es auch eher selten so, dass genau dort, wo sie ein Beutetier erlegt hat, auch direkt eine Wasserquelle vorhanden ist. Darum bevorzugen Katzen verschiedene Orte für Futter- und Wassernapf. Man sollte dabei außerdem beachten, dass in der Natur stehende Gewässer eine Gefahr für die Gesundheit bedeuten. Ohne die Bewegung des Wassers und den damit eingespülten Sauerstoff entstehen schnell Keimherde, die die Katze dann über das Trinken dieses stehenden Wassers zu sich nehmen würde. Deswegen bevorzugen auch unsere Samtpfoten in Wohnungshaltung eher fließendes Wasser. Nun könnte man den ganzen Tag den Wasserhahn laufen lassen.

Da dies aber unweigerlich zu einer enormen Wasserrechnung führen würde und zudem noch eine wahnsinnige Verschwendung wertvoller Ressourcen wäre, muss eine andere Lösung her. Und diese Lösung heißt: Katzenbrunnen. Es gibt heutzutage eine große Auswahl verschiedenster Katzentrinkbrunnen, von klein und unauffällig über Blumen-Design bis hin zum Luxusmodell aus Keramik mit Wasserfall und Vernebler. Der Katze selbst bringt die Dekoration natürlich nichts. Die Optik des Brunnens dient nur dem Auge des Halters. Dennoch sollte man beim Kauf eines Katzenbrunnens auf verschiedene Dinge achten:

- Wie viel Wasser fasst der Brunnen?
- Wie laut ist die Pumpe?
- Wie viel Strom verbraucht die Pumpe?
- Gibt es scharfkantige Ränder, an denen sich die Katze verletzen könnte?
- Gibt es ein Filtersystem?
- Kann der Brunnen kippen oder steht er fest?
- Wie einfach oder schwer ist die Reinigung?
- Aus welchem Material besteht der Brunnen?

Ideal sind Brunnen aus Keramik, die mindestens 2 Liter fassen, standsicher sind, eine leise Pumpe sowie ein Filtersystem besitzen und sich idealerweise in der Spülmaschine reinigen lassen. Preislich bewegt man sich bei so einem Modell zwischen 60 und 120€. Je nach Modell, Zubehör und Optik gibt es nach oben jedoch keine Grenzen. Ebenfalls von Vorteil ist ein Trinkbrunnen, der kleine Wasserfälle integriert hat, da diese dafür sorgen, dass viel Sauerstoff im Wasser gebunden wird. Dies schmeckt der Katze nicht nur besser, sondern sorgt auch dafür, dass Keime kaum eine Chance haben.

Wer befürchtet, beim ständigen Geplätscher des Brunnens andauernd aufs stille Örtchen zu müssen oder wem ein solcher Brunnen schlicht zu groß, zu klobig oder gar zu teuer ist, der hat auch noch ein paar andere Möglichkeiten, den Flüssigkeitsbedarf seiner Katzen zu decken. So bietet es sich zum Beispiel an, eine Knochenbrühe selbst zu kochen. Dafür nimmt man einfach Knochen von Rind oder Schwein (oder auch anderen Tieren) zur Hand, legt sie in einen Topf, bedeckt sie ausreichend mit Wasser und lässt sie einige Stunde leicht sieden. Die daraus entstandene Suppe ist meist relativ dickflüssig, da sich neben dem Knochenmark auch einiges an Gelatine gelöst hat und die Suppe somit andickt. Diese dickflüssige Suppe kann man minimal mit Salz würzen und seinen Stubentigern abgekühlt anbieten.

Man kann die Suppe auch mit unter das Dosenfutter mischen. Allerdings gibt es Katzen, die dann lieber gar nichts mehr fressen, bevor sie diese „Pampe" anrühren, da zu flüssige Nahrung gegen die Natur ist.

Sollte Ihre Katze vom Vorbesitzer ausschließlich Trockenfutter kennen und sich nicht überreden lassen, doch etwas anderes zu fressen, so können Sie versuchen, das Trockenfutter entweder mit etwas Wasser oder mit etwas Knochenbrühe anzufeuchten. Doch auch hier kann es Probleme geben, wenn die Samtpfote das Futter dann nicht mehr anrührt. Einen Versuch ist es jedoch allemal wert.

Eine weitere Möglichkeit ist die Fütterung von Dosen-Thunfisch. Die empfehlenswerte Sorte ist dabei Thunfisch in eigenem Saft und Aufguss oder in Wasser. Solch eine Dose enthält reichlich Flüssigkeit, die dem Flüssigkeitshaushalt der Katze gut tut. Aber Achtung: Wer einmal anfängt, Thunfisch zu füttern, kann das Problem bekommen, dass die Katze danach kaum noch etwas anderes anrührt, denn Thunfisch gilt unter fast allen Katzen als absolute Delikatesse.

3.4 HAARBALLEN

Auch wenn sie nicht schön anzusehen sind, so sind Haarballen eigentlich etwas ganz Natürliches. Die Zunge der Katze ist sehr rau und da Katzen sehr reinliche Tiere sind, die sich sehr oft und gründlich putzen, passiert es tagtäglich, dass sie dabei auch etliche Haare aufnehmen, die jedoch unverdaulich sind. So kann es passieren, dass gerade im Fellwechsel die Katze sehr viele Haare aufnimmt und sich ein Haarballen bildet. Insbesondere bei mittellangem und langem Fell kann das ein Problem sein. Damit die Haarballen nicht zu Problemen bei der Verdauung führen oder im schlimmsten Fall sogar einen Darmverschluss auslösen, ist es wichtig, der Katze die Möglichkeit zu geben, die Haare loszuwerden. Dies kann zum einen durch die Bereitstellung von Katzengras passieren, wodurch ein Brechreiz ausgelöst wird, der den Haarballen zu Tage fördert. Nicht jeder Katzenhalter findet den Gedanken daran schön.

Darum gibt es auch noch eine andere Möglichkeit. Malzpasten, die es mittlerweile in jedem Fachmarkt zu kaufen gibt, lösen das Problem im Inneren der Katze, indem sie dafür sorgen, dass sich die Haare erst gar nicht zu einem Knoten verheddern, sondern einzeln bleiben und so einfach(er) ausgeschieden werden können. Bedenken Sie dabei jedoch, wenn Sie eine Langhaarkatze haben, dass die überaus langen Haare beim Ausscheiden auch einmal „hängen bleiben" können. Kontrollieren Sie also Ihre Katze, wenn sie ihr Geschäft erledigt, ob es zu solch einem Problem kommt. Gerade bei Katzen mit mittellangem oder langem Fell ist die regelmäßige Pflege des Fells unabdingbar. In der Natur hätten die Katzen weder so langes Fell, noch würden so viele Haare lose im Haarkleid hängen bleiben, da sie sie bei ihren Streifzügen an Gebüschen und Ästen abstreifen würden.

Damit nur wenige lose Haare im Fellkleid hängen, die dann beim Putzen von der Katze aufgenommen werden, ist die Fellpflege unabdingbar. Je häufiger Sie Ihre Katze bürsten oder kämmen, besonders in der Zeit des Fellwechsels, umso eher beugen Sie Problemen mit Haaren im Verdauungstrakt vor.

4 Spielen mit der Katze

Spielen ist ein elementarer Bestandteil im Leben einer Katze. Kitten lernen so das Jagen, aber auch Sozialverhalten. Das Spiel ist also wegweisend für das spätere Leben. Doch auch erwachsene Katzen spielen. Wenn es reine Wohnungskatzen sind, nutzen die Samtpfoten das Spielen meist, um ihren natürlichen Instinkten nachzugehen und um sich auszupowern.

Damit Sie wissen, wie Sie mit Ihrer Katze richtig spielen und womit Sie Ihre Vierbeiner wirklich auspowern und glücklich machen können, erhalten Sie hier einige Ratschläge zum gemeinsamen Spielen mit Ihren Katzen.

4.1 GEEIGNETES SPIELZEUG

Der Fachhandel hält eine schier endlose Palette an Katzenspielzeug bereit, von kleinen einfachen Plüschmäusen über verschiedenste Intelligenzspielzeuge bis hin zu Smartphone-gesteuerten „Rennmäusen". Doch welche Spielzeuge eignen sich wirklich für Stubentiger? Welche sind unnütz oder sogar gefährlich? Diese Frage zu beantworten, ist nicht immer ganz leicht. Wichtige Aspekte sind in jedem Fall:

- das Material
- die Größe
- befinden sich eventuell verschluckbare Einzelteile am Spielzeug?
- kann es schnell kaputt gehen und muss dann zeitnah entsorgt werden? (ökologischer Aspekt!)
- besteht Verletzungsgefahr?

Generell stehen Katzen sehr auf Spielzeug, das mit Kunstfell überzogen ist. Diese Spielzeuge erinnern sie stark an ihre natürliche Beute und wecken den Jagdinstinkt. Wenn Sie sich für Spielzeuge mit Fell entscheiden, sollten

Sie in jedem Fall darauf achten, dass das Kunstfell hochwertig ist, nicht nach Chemikalien stinkt und auch wirklich Kunstfell ist. Ob Sie sich, nachdem Sie diese Kriterien überprüft haben, schlussendlich für eine einfache Plüschmaus oder ein „Beute-Imitat" oder Ähnliches entscheiden, ist relativ egal. Spielmäuse, die beispielsweise über das Smartphone ferngesteuert werden können, sind weniger empfehlenswert. Da diese Spielzeuge meist mit Akkus oder Batterien betrieben werden, ist ihre ökologische Bilanz nicht die beste und je nach Verarbeitung des Spielzeugs kann es passieren, dass die Schutzabdeckung der Batterien aufgeht, wenn Ihre Katze die „Maus" gefangen hat und darauf herumkaut. Wer stattdessen eher auf die Arbeit mit dem Köpfchen setzt, der ist mit diversen Intelligenzspielzeugen gut beraten.

4.2 INTELLIGENZSPIELZEUGE

Auch in diesem Bereich wird der Markt stetig erweitert. So gibt es „Fummelbretter", bei denen der Stubentiger größtenteils seine Pfoten einsetzen muss, um an das Futter zu gelangen. Dabei gibt es verschiedenste Varianten, wie zum Beispiel wellenförmig angeordnete Stäbe, zwischen denen das Leckerchen durchgeschoben werden muss, oder kleine Becher mit kleinen Öffnungen, in die gerade so die Pfote der Katze passt und wo sich die Samtpfote schon ein wenig anstrengen muss, bis sie das Futterstück heraus gefischt hat, aber auch kleine „Tunnel", durch die das Futter hindurchgeschoben werden muss, bevor die Katze herankommt. Eine weitere Variante ist eine Art Stange, an der kleine Flaschen oder Röhren angebracht sind, die durch die Katze umgedreht werden müssen, damit die Leckerchen heraus fallen. Aber auch die klassischen „Kästchen" sind vertreten, die auf verschiedenste Arten und Weisen geöffnet werden müssen. Mal muss der Deckel abgehoben oder aufgeschoben werden, mal muss eine Abdeckung beiseite geschoben werden, um an das darunter liegende Leckerchen zu kommen. Des Weiteren gibt es solche „Leckerli-Türme", bei denen die Samtpfote schon etwas mehr überlegen und ausprobieren muss, wie man an das Futter herankommt.

Dort müssen beispielsweise kleine Einschübe herausgezogen werden, damit das Leckerli eine Etage tiefer fällt. Ebenfalls beliebt sind Snackbälle, die mit Leckerchen gefüllt und anschließend von der Katze herumgerollt werden müssen. Auch hierbei sollte darauf geachtet werden, dass die Verarbeitung gut ist und die Kanten glatt gefeilt wurden. Es sollten keine losen Einzelteile dabei sein, die ggf. verschluckt werden könnten. Generell gilt: Bleiben Sie dabei, wenn Ihre Katze mit einem solchen Spielzeug spielt. Auch wenn die Spielzeuge prinzipiell so gestaltet sind, dass sich die Katze daran nicht verletzen kann, gibt es einige Spezialisten unter den Stubentigern, die jedes noch so fest befestigte Teil abbekommen und es dann zum Beispiel zerkauen oder gar verschlucken.

Eine weitere Beschäftigungsmöglichkeit ist der sogenannte „Schnüffel-Teppich“. Hierbei handelt es sich meist um eine Matte, die mit dutzenden Fleecestücken bestückt ist und zwischen denen man diverse Leckerchen verstecken kann. Hierbei sind Geschick, Ausdauer und Geduld gefragt, um in dem Wirrwarr aus Fleecestückchen die Leckerchen zu finden und „heraus zu fummeln“. Solch ein gefüllter Schnüffel-Teppich kann die durchschnittliche Katze, insofern ihr Geduldsfaden lang genug ist, für gut eine halbe Stunde beschäftigen.

4.3 JAGDSPIELE

Jagdspielzeuge sind wahrlich der Klassiker unter den Spielzeugen für Katzen. Eine einfache Spielzeug-Angel mit wechselbaren „Beuten“ am Ende hat vermutlich jeder Katzenbesitzer zu Hause. Ziel dieser Spielzeuge ist es immer, die Katze in Bewegung zu bringen und ihren natürlichen Jagdinstinkt zu wecken. Wichtig bei diesen Spielzeugen ist auch wieder die Verarbeitung. Die Schnur der Reiz-Angel sollte reißfest und das Spielzeug gut befestigt sein. Wenn Sie mit Ihrer Katze spielen und dabei eine solche Angel benutzen, denke Sie daran, Ihre Katze auch immer mal wieder „gewinnen“ zu lassen, damit die Frustrationsgrenze nicht überschritten wird und Ihre Katze nicht die Lust am Spiel verliert. Allerdings sollten Sie dann darauf achten, dass Ihre Katze nicht die Schnur durchbeißt oder das Spielzeug zerkaut. Welche Art von Beute an der Angel befestigt wird, ist relativ egal.

Es gibt kleine Plüschtiere oder Federn, aber auch eine einfache weiche Schnur reicht oftmals aus, um das Interesse der Katze zu wecken. Ein weiteres „typisches“ Katzenspielzeug ist natürlich der Laser Pointer. Das Problem ist hier jedoch auch: Dieses Spielzeug kann zu starkem Frust führen, da der Punkt nie gefangen werden kann. Auf solche Spiele sollte besser verzichtet werden.

4.4 „CATNIP“-KATZENSPIELZEUG (KATZENMINZE)

Die sogenannte Katzenminze, auch „Katzendroge“ genannt, hat auf Katzen einen manchmal beruhigenden, meist aber eher berauschenden oder gar euphorisierenden Einfluss. Das liegt daran, dass die Inhaltsstoffe der Katzenminze den Sexualhormonen von Katzen recht ähnlich sind, was dazu führt, dass insbesondere Kater teilweise recht extrem auf Katzenminze reagieren. Sobald der verführerische Duft in die Katzennase gestiegen ist, gibt es kein Halten mehr. Die Katzen wälzen sich auf dem nach Katzenminze riechenden Spielzeug, reiben ihre Köpfe daran, rollen sich herum und tollen euphorisch durch die Gegend. Oder sie reiben sich daran, fallen um und wirken fast wie benebelt. Katzenminze hat auf jede Katze eine etwas andere Wirkung, weswegen man zuerst vorsichtig testen sollte, wie der eigene Stubentiger auf diese „Droge“ reagiert. Gefährlich ist dieser „Rausch“ nicht. Dennoch sollte man es nicht übertreiben. Spielzeuge mit Katzenminzgeruch sollten daher nur selten zur Verfügung gestellt werden und die Zeit, die Ihre Katze mit dem Spielzeug verbringen darf, sollte auch begrenzt sein. So reicht ein solcher „Trip“ alle paar Tage definitiv aus und sollte nicht zur täglichen Gewohnheit werden, nicht zuletzt, weil das Catnip-Spielzeug, wie es im Fachhandel oft heißt, sonst auch schnell langweilig werden kann und seinen Reiz verliert.

Es gibt jedoch auch Katzen, die auf Katzenminze so gut wie gar nicht reagieren. Bei diesen Katzen kann man, wenn man denn möchte, einmal Baldrian probieren. Auch dieser löst ein ähnliches Verhalten aus. Aber Achtung: Baldrian sollte nicht gefressen werden!

5. Die Körpersprache von Katzen

5.1 WARUM SCHWANZWEDELN KEINE FREUDE BEDEUTET

Zuckt die Schwanzspitze der Katze hin und her oder schlägt die gesamte Rute immer wieder auf den Boden, befindet sich die Katze gerade im Zwiespalt. Sie steht unter Anspannung. In solchen Situationen sollte man das eigene Verhalten reflektieren und schauen, ob man die Katze zum Beispiel gerade bedrängt oder etwas tut, was ihr nicht gefällt. Auch während des Streichelns kann dieses Verhalten auftreten und bedeutet: Du streichelst gerade an einer Stelle, die ich nicht besonders mag. Ändert man sein Verhalten nicht, kann es zu einer Abwehrreaktion kommen. Manche Katzen schlagen nach einem (mit eingezogenen Krallen) oder kratzen. Manche fauchen auch und suchen das Weite. So oder so sollte man eine Katze, die sich bereits in dieser Haltung befindet, nicht weiter belästigen. Es könnte sonst schmerzhaft enden ...

5.2 MEINE KATZE BLINZELT MIR ZU

Das auffällige Blinzeln in die Richtung des Menschen (oder auch zu anderen Katzen) ist ein sehr positives Signal. Es bedeutet Zuneigung, fast wie ein lieber Gruß. Auch der Mensch kann diese Geste nachahmen und seiner Katze zublinzeln. Eine Katze versteht dieses Zeichen in der Regel und wird es meist erwidern. Es stärkt die Bindung zwischen Halter und Katze und ist in jedem Fall ein gutes Zeichen für das gemeinsame Zusammenleben.

5.3 ABWEHRHALTUNG

Steht die Katze seitwärts zu Ihnen, macht sie einen Buckel, sträubt sich das Fell und peitscht der Schwanz hin und her, ist die Anspannung in der Katze bereits sehr groß und es fehlt nicht mehr viel, bis ein Angriff passiert. Oftmals werden diese Signale auch noch mit Beschwichtigungssignalen vermischt, wie beispielsweise Kopf wegdrehen, um die Situation etwas zu entspannen. Hilft das jedoch nicht, steigt die Anspannung weiter und entlädt sich irgendwann in einem Angriff.

5.4 ENTSPANNUNG

Mit halb geschlossenen Augen liegt die Katze auf ihrem Platz. Man könnte meinen, sie döst bald ein. In diesem Zustand hat die Katze quasi die höchste Form der Entspannung erreicht. Manche Katzen mögen es, wenn sie dann gestreichelt werden. Andere wiederum möchten in dieser Situation lieber in Ruhe gelassen werden und die Entspannung voll und ganz auskosten. Sie müssen testen, ob dies bei Ihren Katzen ein guter Zeitpunkt ist, um Streicheleinheiten zu verteilen, oder eher nicht.

5.5 BEREIT ZUR JAGD

Die Augen sind weit geöffnet, die Ohren stehen gespitzt nach vorn gerichtet. Der Schwanz peitscht hin und her. Bei manchen Katzen fängt sogar der Popo an zu wackeln. Man spürt förmlich, wie die Katze nach und nach alle Muskeln im Körper anspannt. Und dann – springt sie los und packt ihre Beute. Der Jagdmodus ist auch sehr häufig während des Spielens zu beobachten. Die Katze lauert irgendwo. Alle Sinne sind geschärft. Wenn die Muskeln angespannt werden weiß man – gleich gibt es eine Jagdszene, egal ob auf das Spielzeug oder auf eine andere Katze.

5.6 FREUDE UND ENTSPANNUNG

Sie kommen nach Hause und Ihre Katze kommt Ihnen mit aufgestelltem Schwanz entgegen gelaufen. Dies ist eines der unmissverständlichsten Zeichen dafür, dass sich Ihre Katze freut. Streicht sie dann noch um Ihre Beine und schnurrt sogar, wissen Sie, dass Ihre Katze Sie sehr mag. Meist beschleunigen die Katzen auch ihren Schritt, wenn sie sich auf etwas freuen. Die ganze Körpersprache signalisiert: Mir geht es gut und mir gefällt, was hier gerade passiert. Auch das Reiben des Kopfes an Ihnen zeigt, dass Ihre Katze Sie gern hat. Meist wollen die Stubentiger dann auch die volle Aufmerksamkeit und sagen auch zu ein paar Streicheleinheiten nicht nein.

5.7 SCHNURREN

Das wohl typischste Geräusch einer Katze: Schnurren. Noch immer weiß man nicht genau, wie Katzen dieses Geräusch überhaupt produzieren. Bei einem ist man sich jedoch einig: Es bedeutet höchstes Wohlbefinden. Doch stimmt das? Bedeutet Schnurren wirklich immer nur Wohlbefinden? Nun ja. In 90 % der Fälle ist dem tatsächlich so. Aber es gibt auch Situationen, in denen Katzen schnurren und sich überhaupt nicht wohlfühlen. Zum Beispiel beim Tierarzt. Die Katzen haben dann meist Angst und/oder Schmerzen. Auch dafür wird das Schnurren eingesetzt. Man geht davon aus, dass dies ein Mechanismus ist, der der Katze dabei helfen soll, sich zu entspannen, da die Katze selbst das Schnurren als eigentlich positiv assoziiert und sich somit versucht, selbst zu beruhigen. Beobachten Sie Ihre Katze also ganz genau, wenn sie mal in einer etwas außergewöhnlichen Situation zu schnurren beginnt. Es kann auch ein Warnzeichen dafür sein, dass es Ihrer Katze gerade nicht gut geht.

6. Grundlagen der Erziehung

Damit das Zusammenleben mit Ihren Stubentigern entspannt und harmonisch verläuft, müssen auch die süßen Samtpfoten ein wenig erzogen werden, denn nicht alle Verhaltensweisen und Angewohnheiten der Katzen sind mit unserer Vorstellung eines netten Zusammenlebens kompatibel. Damit die Erziehung auch klappt und artgerecht verläuft, gibt es jedoch einiges zu beachten.

6.1 DIE RICHTIGE BELOHNUNG

Katzen werden, wie auch beispielsweise Hunde, am besten über positive Verstärkung erzogen. Das heißt, sie werden mit etwas Positivem, wie zum Beispiel Futter/Leckerchen, für richtiges Verhalten belohnt. Denn wie jeder weiß – was sich lohnt, das macht man öfters. Und ganz ohne Lohn möchte auch eine Katze nicht „arbeiten". Denn das Training, egal ob Tricks oder einfache Verhaltensregeln im Alltag, sind für die Katze eine Art Arbeit, da jede dieser Verhaltensweisen nicht unbedingt ihrem natürlichen Verhalten entspricht. Doch damit diese Belohnung auch wirklich als Belohnung angesehen wird, sollte sie Ihrer Katze auch gefallen. Mag sie also ihr normales Trockenfutter nicht wirklich und Sie bieten ihr dieses als „Entlohnung" für getane Arbeit an, wird dies wohl kaum das Bedürfnis in Ihrer Katze wecken, sich noch einmal auf diese Art der Arbeit einzulassen. Sie sollten stattdessen nach etwas suchen, für das Ihre Katze nahezu alles stehen und liegen lassen würde, nur um es zu bekommen. Nun sind die meisten Stubentiger ein wenig wählerisch und etwas „eigen", was solche Dinge angeht.

Darum heißt es für Sie: Ausprobieren. Der Fachhandel bietet eine breite Palette an Leckerchen, Keksen, Tuben und sonstigen Dingen an. Jedoch sind auch hierbei, wie auch beim normalen Futter, nicht alle angebotenen Waren wirklich empfehlenswert. So sollten Sie auch hier darauf achten, nichts mit Getreide, Zucker oder Konservierungsstoffen zu nehmen. Anbieten würden sich daher beispielsweise getrocknete Fleischstückchen. Diese können sowohl wärmegetrocknet als auch gefriergetrocknet sein. Dies ist die einfachste (und sicherste) Variante, da in solchen Leckerchen in der Regel wirklich nichts anderes als Fleisch enthalten ist. Was die Fleischsorte angeht, sind Sie relativ frei, egal ob Hühnchen, Lamm, Fisch oder Rind. Dabei sollte dann Ihr Stubentiger entscheiden dürfen. Eine andere Möglichkeit sind Tuben. Diese können beispielsweise mit Leberwurst, Malzpaste oder auch Käsecreme gefüllt sein. Achten Sie dabei jedoch unbedingt darauf, Produkte zu erwerben, die von den Inhaltsstoffen vertretbar sind und keinerlei Chemikalien enthalten. Oftmals werden bei solchen Produkten auch Lockstoffe eingesetzt, die die Katzen fast schon süchtig machen. Das ist nicht Sinn und Zweck einer Belohnung!

Auf trockene Artikel wie Kekse sollten Sie gänzlich verzichten, da auch diese den Flüssigkeitshaushalt Ihrer Katze negativ beeinflussen. Wenn dann das ideale Leckerchen gefunden ist, mit dem sowohl Sie als auch Ihre Katze zufrieden sind, kann es quasi schon fast losgehen. Jedoch sind beim Training mit den Samtpfoten auch noch andere Dinge zu beachten.

6.2 DAS RICHTIGE TIMING

Wie bei so vielen Dingen im Leben spielt auch bei der Erziehung von Haustieren das richtige Timing eine wichtige und große Rolle. Belohnen Sie zu spät, verknüpft Ihre Katze das eigentlich gewünschte Verhalten nicht mehr mit der Belohnung und es kann zu Fehlverknüpfungen kommen. Möchten Sie zum Beispiel, dass Ihre Katze Ihre Hand berührt und Sie belohnen erst 10 Sekunden später, während Ihre Katze zum Beispiel aus dem Fenster schaut oder gerade ihre Krallen in das Sitzkissen schlägt, so belohnen Sie das Verhalten, das Ihre Katze gerade in diesem Moment zeigt, aber leider nicht mehr das, das Sie eigentlich belohnen wollten.

Um zu gewährleisten, dass die Belohnung immer im richtigen Moment kommt, bietet sich das Training mit einem Clicker an. Dieser hat gleich mehrere Vorteile:

- Der Clicker klingt immer gleich! Im Gegensatz zur menschlichen Stimme, die sich durch Emotionen verändert, ist der Clicker immer unmissverständlich.

- Sie können punktgenauer belohnen, ohne erst nach einem Leckerchen kramen zu müssen, wodurch wertvolle Zeit verloren geht.

Um den Clicker effektiv einsetzen zu können, ist ein wenig Vorarbeit notwendig, damit Ihre Katze auch weiß, dass der Clicker die Bestätigung für richtiges Verhalten ist und eine Belohnung ankündigt. Um dies im Gehirn Ihrer Katze zu verankern, brauchen Sie zuerst einmal einen Clicker. Die meisten im Fachhandel erhältlichen Exemplare haben sogar noch eine Lautstärkenregelung, die es ermöglicht, auch mit sehr unsicheren und schreckhaften Katzen zu trainieren. Probieren Sie also zuerst aus, ob Ihre Katze mit der normalen Lautstärke zurechtkommt und regeln Sie die Lautstärke notfalls runter, bis das Geräusch Ihrer Katze keine Angst mehr macht. Sollte auch die niedrigste Lautstärkeneinstellung Ihre Katze noch verunsichern, können Sie den Clicker auch einfach hinter Ihren Rücken halten und das Geräusch so noch einmal leiser klingen lassen. Nehmen Sie für das erste Clickertraining einige der Leckerchen zur Hand, die Ihre Katze mag.

Dann kann es mit der Verknüpfung losgehen. Nehmen Sie ein Leckerchen in die Hand, clicken Sie und geben Sie unverzüglich nach Ertönen des Clicks Ihrer Katze das Leckerchen. Wiederholen Sie diesen Vorgang im Idealfall 20 bis 30 Mal. Machen Sie danach eine Pause und üben Sie beispielweise am Abend noch einmal. Wiederholen Sie auch hier den Vorgang. Leckerchen bereithalten, Clicken und sofort das Leckerchen geben. Dies wiederholen Sie am nächsten Tag noch einmal. Danach können Sie den Abstand zwischen Click und Leckerchen LANGSAM steigern. Lassen Sie zuerst nur 2 bis 3 Sekunden zwischen Click und Gabe des Leckerchens vergehen. Wiederholen Sie auch diesen Abschnitt mehrfach. Danach steigern Sie den Abstand auf 5 Sekunden. Maximum sollten etwa 10 Sekunden sein. Sobald Ihre Katze verstanden hat, dass das Clicken eine Belohnung ankündigt und auch mal ein paar Sekunden vergehen können, bevor sie das Leckerchen erhält, können Sie mit dem eigentlichen Training starten. Lesen Sie dazu mehr im Kapitel 8.

6.3 WARUM STRAFEN IN DER ERZIEHUNG NICHT FUNKTIONIEREN

Sie haben nun bereits gelernt, wie Sie Ihre Katze für richtiges Verhalten belohnen. Da wäre es ja nur sinnvoll, auch das Gegenteil zu tun und falsches Verhalten zu bestrafen. Doch Strafen funktionieren in der Erziehung nicht wirklich gut. Das betrifft im Übrigen nicht nur die Erziehung von Katzen, sondern auch die (fast) aller anderen Lebewesen. Doch gerade Katzen verstehen nicht, wieso Sie schimpfen oder sie bestrafen. Katzen haben im Gegensatz zu Hunden nicht den sogenannten „will to please" (jemandem gefallen wollen). Sie sind ihre eigenen „Herrscher" und sie machen das, wonach ihnen gerade ist. Sie gehen ihren Bedürfnissen nach und folgen ihren Instinkten. Die Kooperation mit ihren Menschen liegt den Katzen zwar nicht gänzlich fern, aber schlussendlich tun sie nur das, was sich für sie lohnt. Darum ist die Erziehung von Katzen, die auf Belohnung basiert, sehr viel erfolgsversprechender als eine Erziehung, die auf Strafen basiert. Das Verhalten, das Ihre Katze zeigt, ist unterm Strich immer nur ein Spiegelbild dessen, was in Ihrer Katze gerade vorgeht. Sich die Krallen zu wetzen, auf erhöhten Positionen liegen, jagen, Beute machen, etc. gehören zum natürlichen Verhaltensrepertoire einer Katze. Stellen Sie jedoch nicht genügend Kratzmöglichkeiten auf oder stellen Sie diese an den falschen Stellen auf, wird Ihre Katze sich unweigerlich etwas anderes suchen, woran sie ihre Krallen wetzen kann. Und das ist dann meist der Lederbezug der teuren Couch. Die Katze dann dafür zu bestrafen, dass sie ihren Bedürfnissen nachgegangen ist, für deren Erfüllung Sie keine entsprechenden Möglichkeiten zur Verfügung gestellt haben, wäre für die Katze also gänzlich unverständlich und sie würde lediglich lernen, dass Sie als Mensch unberechenbar sind und der Katze Schaden oder Leid zufügen. Dies kann über kurz oder lang auch zu psychischen Schäden bei der Katze führen und weitere Verhaltensauffälligkeiten hervorrufen.

Nun mag manch einer einwerfen, dass es ja auch die Möglichkeit der „indirekten Bestrafung“ gibt, bei der Sie „nicht anwesend“ sind und wodurch die Katze somit keinerlei Verknüpfung zu Ihnen aufbauen kann, indem Sie zum Beispiel aus einem Versteck heraus die Katze mit Wasser bespritzen oder einen Schreckreiz setzen, den die Katze Ihnen nicht zuordnen kann. Jedoch gibt es bei dieser Art der Bestrafung ein Problem: Die Intelligenz von Katzen. Zwar mag beim ersten Mal ein gewisser „Effekt“ eintreten, im Sinne von: Die Katze tut etwas Verbotenes, Sie setzen einen Schreckreiz oder besprühen die Katze mit Wasser und die Katze bricht ihr Verhalten ab. Jedoch ist solch eine Lernerfahrung nicht direkt fest verankert.

Die Katze wird das, was sie getan hat, als der Schreckreiz einsetzte, wieder tun. Sind Sie dann nicht sofort zur Stelle, um erneut einzugreifen und Ihre Katze indirekt zu bestrafen, lernt die Katze sofort, dass der Schreckreiz beim letzten Mal wohl doch nichts mit ihrem Verhalten zu tun hatte. Gerade bei berufstätigen Katzenhaltern gestaltet sich die 100 %-ige „Überwachung“ schwierig, da die Katze die verbotenen Dinge auch dann tut, wenn niemand zu Hause ist. Erfolgt dann keine negative Einwirkung, ist der vermeintliche Lerneffekt dahin.

Darum ist so oder so davon abzuraten, die Katze über negative Einwirkungen und Strafen zu erziehen.

7. Grundlegende Erziehung

Für das Zusammenleben mit Ihren felligen Freunden sind einige Dinge unverzichtbar. So müssen sich die Katzen notgedrungen an Alltagsgeräusche gewöhnen oder lernen, die Katzentoilette zu benutzen. Aber auch andere Dinge, wie die Verwendung des Kratzbaums statt der Couch sind essenziell für eine entspannte Zeit. Damit Sie wissen, wie Sie solche „Alltagsprobleme" möglichst einfach und stressfrei lösen können, erhalten Sie hier zu den gängigsten Themen Anleitungen.

7.1 STUBENREINHEIT

Egal ob Sie eine Katze vom Züchter, von privat oder aus dem Tierheim holen – den Gang zur Katzentoilette kennen die Tiere zum Zeitpunkt der Adoption in der Regel schon, zumindest, wenn der vorige Halter darauf Wert gelegt hat, die Katzen daran zu gewöhnen, oder das Tierheim sich bei der Unterbringung der Stubentiger an die wichtigsten Regeln gehalten hat. Dennoch kann es passieren, dass die Katzen durch den Stress des Umzugs in ihr neues Zuhause kurzzeitig „vergessen", wie man die Katzentoilette benutzt. Aber auch sonstiger psychischer Stress oder körperliche Probleme können zur Unsauberkeit führen. Dies ist dann jedoch eher ein Fall für den Tierarzt bzw. einen Katzentherapeuten. In diesem Kapitel geht es eher um die „normale" Unsauberkeit, die entweder auf den Mangel an bisheriger Erziehung oder schlichtweg den Umzugsstress zurückzuführen ist.

Damit sich Ihre Katzen an die Benutzung der Katzentoilette gewöhnen und diese auch regelmäßig aufsuchen, anstatt sich einfach in Ihrem Bett oder an anderen Stellen zu erleichtern, sind einige Voraussetzungen nötig. Dazu zählen vor allem die Anzahl der Katzentoiletten sowie deren Beschaffenheit bzw. Aufbau. Faustregel ist: Immer eine Toilette mehr bereitstellen, als Katzen im Haushalt leben. Und dann geht es darum, welche Art von Toilette Ihre Katzen bevorzugen. Der Fachhandel hält eine breite Palette an Katzentoiletten bereit, von komplett geschlossen mit dem Eingang vorn oder oben bis hin zur einfachen Plastikschale, die offen dasteht. Viele Katzen mögen das beengte Gefühl nicht, wenn sie ihre Notdurft in einer komplett geschlossenen, dunklen Katzentoilette verrichten müssen.

Die erste Wahl sollte daher immer eine offene Schale sein. Wie diese aussieht, ist dann wiederum Geschmackssache. Danach geht es an die „Füllung" – die Katzenstreu. Auch hier gibt es mittlerweile dutzende verschiedene Materialien, die als Einstreu genutzt werden können, von Silikat und Bentonit über Holzpellets bis hin zu Sand und anderen Materialien. Und natürlich hat auch hier der Mensch wieder bestimmte Ansprüche. So gibt es Streusorten, die nach Babypuder riechen oder nach Zitrone duften. Dabei sollte man jedoch bedenken, dass dies alles „Zusätze" sind, die ausschließlich für den Menschen hinzugefügt wurden und der Katze absolut keinen Mehrwert bieten. Ganz im Gegenteil: Duftende Einstreu ist für viele Katzen einer der Hauptgründe, wieso sie unsauber werden! Denn Katzennasen sind sehr viel empfindlicher als die menschliche Nase und die Gerüche, die wir als angenehm empfinden, sind für die Katze ein Angriff auf die Riechzellen. Darum sollten Sie von duftender Einstreu Abstand nehmen, auch wenn dadurch vielleicht das Badezimmer nach einem Toilettengang Ihrer Katze nicht direkt riecht wie ein Tigerkäfig, sondern eben wie ein Tigerkäfig, in den man Babypuder gestreut hat.

Neben der Vorliebe Ihrer Stubentiger sollte aber auch der ökologische Faktor eine Rolle spielen. Ist die Streu nachhaltig produziert worden? Kann sie einfach entsorgt werden oder zählt sie quasi zu „Sondermüll" (beispielsweise Bentonit oder auch Silikat). Pflanzliche Streu aus Stroh, Holz, Papier oder anderen natürlichen Materialien kann teilweise sogar kompostiert oder normal über den Restmüll entsorgt werden. Auf keinen Fall dürfen Sie die Katzenstreu in der Biotonne entsorgen! Katzenkot kann Krankheitserreger wie Toxoplasmoseerreger enthalten und darf somit nicht in der Biomüllverwertung landen! Achten Sie bei der Entsorgung der Katzenstreu auch immer auf die jeweilige Abfallentsorgungsregelung Ihrer Gemeinde. Dort kann es spezielle Anweisungen geben!

Ein weiterer Faktor ist sicherlich auch das Geld. Katzenstreu kostet vielleicht pro Tüte nicht allzu viel, aber auf das gesamte Katzenleben gerechnet kommen da einige Tonnen an Streu zusammen. Suchen Sie also im Idealfall Streu aus, die klumpt, damit Sie möglichst sparsam nachfüllen können und nicht direkt den kompletten Inhalt der Toilette entsorgen müssen.

7.2 ALLTAGSGERÄUSCHE (KEINE ANGST VOR STAUBSAUGER UND CO.)

In der Natur brauchen sich Katzen lediglich an Geräusche wie Regen, Wind in den Bäumen, das Plätschern von Wasser, das Zwitschern der Vögel oder das Rascheln des Laubs zu gewöhnen. Unsere Stubentiger hingegen haben mit ganz anderen Geräuschen zu tun. So dröhnt hin und wieder der angsteinflößende Staubsauger durch die Wohnung, der Fernseher läuft, der Pürierstab kreischt oder die Kaffeemaschine zischt. Damit Ihre Katzen nicht jedes Mal einen halben Herzinfarkt bekommen, wenn Sie ein alltägliches Elektrogerät einschalten, kann ein wenig Training vonnöten sein.

Normalerweise sollten all diese Geräusche bereits nach der Geburt durch ständige Wiederholung im Gehirn der Katze als „ungefährlich" abgespeichert worden sein, doch es gibt genügend Ausnahmen, bei denen das nicht passiert. Zum Beispiel bei Kitten vom Bauernhof, die weitab von alltäglichen Geräuschen aufgewachsen sind, oder Kitten, die im Tierheim zur Welt kommen. Dort gibt es in den Katzenzimmern weder Staubsauger noch Fernseher, geschweige denn einen Mixer. Somit kann die Arbeit der Gewöhnung auf Sie zurückfallen. Damit dies sicher gelingt, sind Geduld, Ausdauer und vor allem genügend Leckerchen vonnöten.

Das „Training" ist jedoch recht simpel. Wenn Sie festgestellt haben, dass ein bestimmtes Geräusch Ihren Katzen Angst macht, locken Sie die Samtpfoten zu sich und schalten entweder selbst das Gerät ein oder bitten idealerweise jemanden, dies für Sie zu tun, damit Sie sich allein auf die Katzen konzentrieren können. Zu Beginn wird das Gerät immer nur für eine Sekunde eingeschaltet und danach sofort wieder ausgeschaltet. In dem

Moment, in dem das Geräusch einsetzt, geben Sie Ihren Katzen Leckerchen oder kugeln mehrere Leckerchen durch die Gegend, um gleichzeitig den Jagdinstinkt zu wecken und Ihre Katzen somit von dem schrecklichen Geräusch abzulenken.

Sobald dies erfolgreich mehrere Male gelingt und Ihre Katzen sich voll und ganz auf die Leckerchen konzentrieren, anstatt darüber nachzudenken, dass gerade wieder das furchterregende Geräusch zu hören war, verlängern Sie den Zeitraum, in dem das Gerät eingeschaltet wird. Steigern Sie die Zeit jedoch langsam! Erst 2 Sekunden, dann 3 Sekunden usw. Überstürzen Sie es nicht. Achten Sie auch darauf, dass während des Trainings nichts anderes Unerwartetes oder Beängstigendes passiert, sonst kann der Trainingsfortschritt schnell dahin sein. So gehen Sie bei jedem Geräusch vor, vor dem sich Ihre Katzen fürchten. Sollte das nicht funktionieren, da Ihre Katzen bereits bei einer Sekunde panisch den Raum verlassen und an Leckerchen geben gar nicht erst zu denken ist, müssen andere Geschütze aufgefahren werden. Dann heißt es: Sensibilisierungstraining.

Dieses wird in der Regel so durchgeführt, dass das Angst auslösende Geräusch beispielsweise mit dem Smartphone aufgenommen wird und dann zu Beginn so leise abgespielt wird, dass es nahezu unhörbar ist. Das Geräusch wird dann immer nur dann abgespielt, wenn gerade etwas Positives passiert, wie zum Beispiel die Gabe des Futters oder die Gabe von Leckerchen. Besonders bei sehr ängstlichen Katzen wäre hingegen das Abspielen des Geräusches im Hintergrund sinnvoll, während Sie mit ihnen ausgiebig spielen und sie sowieso schon sehr abgelenkt sind. Reagieren die Katzen auf das extrem leise Geräusch nicht, wird bei der nächsten positiven Einwirkungen (wie eben beim Streicheln, Spielen oder Füttern) das Geräusch eine Stufe lauter abgespielt. Steigern Sie aber auch hier die Lautstärke wirklich nur sehr langsam und nutzen Sie die Lautstärkeeinstellung, bei der Ihre Katzen nicht reagieren, ruhig über mehrere Tage hinweg und erhöhen Sie den Geräuschpegel erst dann. So fahren Sie fort, bis Sie quasi an der normalen Lautstärke des Gerätes angelangt sind.

Sollte es einen Punkt geben, an dem Ihre Katzen doch wieder reagieren, obwohl Sie noch nicht am realen Geräuschpegel angelangt sind, gehen Sie einige Lautstärkeeinstellungen zurück und wiederholen Sie den Vorgang über einen längeren Zeitraum hinweg. Zum Glück sind Katzen, die dermaßen extrem auf Alltagsgeräusche reagieren, sehr selten. Dennoch sollten Sie für diesen Fall eine Anleitung an der Hand haben, um im Fall der Fälle richtig reagieren zu können. Nehmen Sie in jedem Fall Abstand davon, die Katzen in eine Transportbox zu sperren oder sie anderweitig räumlich einzugrenzen und sie gezwungenermaßen dem angsteinflößenden Geräusch unter Zwang auszusetzen! Dies kann zu psychischen Störungen und anderen Folgen führen, die das Vertrauensverhältnis zwischen Ihren Katzen und Ihnen nachhaltig (zer)stört!

7.2.1 SILVESTER MIT KATZEN

Auch wenn Silvester eher weniger zu den „Alltagsgeräuschen" zählt, so ist die Zeit um und an Silvester doch immer auch ein großes Thema in der Katzenhaltung. Viele Stubentiger glauben an den Untergang der Welt und bekommen Todesangst. Damit Ihren Samtpfoten an diesen stressigen Tagen nichts passiert, sollten Sie sich an einige Regeln halten. Zum einen wäre es auch hier möglich, eine Art Desensibilisierung durchzuführen. Dies geschieht auf die gleiche Weise wie bereits im vorigen Kapitel beschrieben wurde, nur dass man hierbei nicht das Geräusch des Mixers oder des Staubsaugers abspielt, sondern die Geräuschkulisse eines Feuerwerks. Gehen Sie auch hierbei vorsichtig und langsam vor und erhöhen Sie die Lautstärke nur in winzigen Schritten.

Des Weiteren gilt für Freigängerkatzen: Schon einige Tage vor Silvester sollten Sie Ihren Stubentiger nicht mehr raus lassen. Es gibt genügend uneinsichtige und rücksichtslose Menschen da draußen, die auch schon Tage vor dem Jahreswechsel Böller und Raketen zünden. Erschreckt sich Ihre Katze dabei und flüchtet kopflos, kann es zum einen passieren, dass sie blindlings vor ein Auto läuft und überfahren wird. Andererseits kann es auch sein, dass sie schnellstmöglich ein Versteck aufsucht, das sich im Anschluss jedoch nicht als ideal herausstellt. So gab es schon genügend Fälle, bei denen Katzen sich zum Beispiel in offen stehenden Garagen oder Kellerräumen versteckt haben, die danach jedoch verschlossen wurden, ohne dass der Eigentümer gemerkt hat, dass sich eine Katze darin befindet. Sollte dem so sein, besteht nicht nur die Gefahr, dass Ihre Katze verhungert und verdurstet. Nicht zuletzt sitzen Sie ja auch zuhause und warten sehnsüchtig auf die Rückkehr Ihres Stubentigers. Darum sollten Sie, um Ihrer selbst und Ihrer Katze willen, ihren Stubentiger mindestens eine Woche vor dem Jahreswechsel nicht mehr nach draußen lassen.

Aber auch reine Wohnungskatzen können bei dem Lärm von Böllern und Raketen in der Wohnung panisch werden und versuchen, durch jede noch so kleine Ritze zu entkommen. Eine geöffnete Wohnungstür oder ein ungesichertes gekipptes Fenster können da schnell als Fluchtmöglichkeit genutzt werden. Gerade Katzen, die vorher nie draußen waren, wissen überhaupt nicht, wie sie sich verhalten sollen. Sie haben meist auch kein schützendes Winterfell ausgebildet und können frieren. Außerdem sind sie oftmals orientierungslos, gerade wenn sie Hals über Kopf aus der Wohnung geflohen sind. Solche Katzen finden manchmal nicht mehr nach Hause, selbst wenn sie es könnten. So oder so ersparen Sie sich und Ihrer Katze viel Stress, wenn Sie Ihr für eine Zeit die „Freiheit rauben". Wenn es dann so weit ist und der Jahreswechsel unmittelbar bevorsteht, ist guter Rat oft teuer. Manche Tierärzte verschreiben Beruhigungsmittel, die den Tieren die Angst nehmen sollen. Jedoch sollte die Gabe eines solchen Medikaments immer gut abgewogen werden. Bevor man zu solchen Mitteln greift, sollten erst einmal andere Möglichkeiten probiert werden. Dazu gehört zum Beispiel das Abspielen von beruhigender Musik. Katzen nehmen Musik etwas anders wahr als wir. Sie verbinden sie oftmals mit frühen Kindheitserinnerungen und fühlen sich geborgen, wenn ein Stück gespielt wird, was in ihnen das wohlige Gefühl von früher auslöst. Zu den beliebtesten Musikstücken bei Katzen zählen:

- Die vier Jahreszeiten von Vivaldi
- Gymnopédies von Erik Satie
- Morgenstimmung von Edvard Grieg

Aber auch andere Stücke mit ruhigen Klavier- oder Cellotönen können sich zum Lieblingsmusikstück Ihres Stubentigers mausern. Hier heißt es: Ausprobieren. Manche Katzen suchen sogar die Nähe des Lautsprechers, um die Schwingungen und Vibrationen der Musik besser spüren zu können. Und natürlich, wie könnte es auch anders sein, gibt es heutzutage sogar einige Musikstücke, die extra für Katzen komponiert wurden. Sie basieren auf wissenschaftlichen Erkenntnissen und kombinieren für Katzen angenehme Geräusche und Tonfrequenzen.

Eine weitere Möglichkeit, Ihren Stubentiger zu beruhigen, ist die Benutzung des sogenannten „FeliWay"-Verneblers. Dieser wird in die Steckdose gesteckt und verströmt ein synthetisches Pheromon, welches normalerweise durch Drüsen am Kopf der Katze abgesondert wird. So soll die Katze ein wohliges Gefühl bekommen und sich sicher und entspannt fühlen. Zusätzlich zu solchen Dingen sollten Sie Ihrer Katze natürlich jede Menge Rückzugsorte zur Verfügung stellen. Denn Katzen flüchten instinktiv in kleine, ruhige Höhlen. Hängen Sie also zum Beispiel eine der Höhlen am Kratzbaum mit einer Decke ab oder bieten Sie weitere Häuschen und Kuschelhöhlen an. Manche Katzen ertragen Silvester nur, wenn sie unter oder hinter der Couch sitzen können. Lassen Sie Ihre Katze gewähren, auch wenn Sie bestimmte Verhaltensweisen sonst vielleicht nicht so gern sehen. Silvester ist für Tiere immer eine Ausnahmesituation und an diesem Tag sollten nahezu alle Regeln außer Kraft gesetzt sein.

Um die Geräusche von außen zu dämpfen, empfiehlt es sich außerdem, Rollläden zu schließen. Des Weiteren können Sie den Fernseher ein wenig lauter drehen oder ein Radio in das Zimmer stellen, in das sich Ihre Katze zurückgezogen hat. Stellen Sie am besten einen Sender mit klassischer Musik ein oder spielen Sie beispielsweise vom Laptop Musik für Katzen ab.

Dunkeln Sie außerdem die Räume ab, damit die grellen Lichtblitze nicht in die Wohnung strahlen. Silvester ist im Übrigen auch so ein Tag, an dem die Katze einen „Katzenminze-Rausch“ haben darf. Egal ob der Geruch sie beruhigt oder pusht – ablenken wird dieser „Trip“ sie so oder so vom Weltuntergang draußen. Außerdem ist es generell ratsam, viele Ablenkungsmöglichkeiten zu schaffen. Stellen Sie ein neues Spielzeug hin, verteilen Sie Leckerchen und versuchen Sie, Ihre Katze durch Spielen, besonders sehr körperbetonte und anstrengende Spiele, müde zu bekommen.

Eine weitere Möglichkeit, auf die Angst der Katze Einfluss zu nehmen, ist die Gabe von Nahrungsergänzungsmitteln wie beispielsweise Zylkene oder Telizen. Auch CBD-Öl (ein nicht psychoaktives Öl aus der Hanfpflanze) kann einen beruhigenden Einfluss auf Ihre Katze haben. Diese Ergänzungsmittel müssen jedoch teilweise schon Tage oder sogar Wochen vorher gegeben werden, damit sie an Silvester wirksam sind. Auch aus dem Bereich der Bachblüten gibt es spezielle Präparate, die auch noch „last minute“ gegeben werden können, zum Beispiel die sehr bekannten Rescue-Tropfen. Ebenfalls einsetzbar sind spezielle Leckerchen, die mit beruhigenden Kräutern versetzt sind. Sie kennen Ihre Katze am besten und können am ehesten einschätzen, was ihr hilft. Doch egal, wofür Sie sich entscheiden – die beste Beruhigung ist immer noch, wenn Sie für Ihre Katze da sind. Verzichten Sie also auf die große Party. Bleiben Sie zu Hause, seien Sie anwesend, geben Sie ihrer Katze Rückhalt, wenn sie das möchte, und reden Sie beruhigend auf sie ein. Sie sind ein wichtiger Fixpunkt im Leben Ihrer Katze und besonders an Tagen, an denen Ihr Stubentiger glaubt, dass die Welt untergeht, braucht er Sie am meisten.

7.3 TRANSPORTBOXENTRAINING

Die Transportbox wird von den meisten Katzen regelrecht gehasst und gefürchtet. Nicht zuletzt, weil man sie im Prinzip nur dann herausholt, wenn man mit den Samtpfoten zum Tierarzt fährt. Katzen sind natürlich nicht dumm. Sie verstehen den Zusammenhang zwischen der Transportbox und dem Tierarzt sehr schnell und verbinden fortan die Anwesenheit der Transportbox als sehr unangenehm und die meisten Katzen flüchten sofort, sobald man das verhasste Teil in die Hand nimmt.

Damit genau das nicht passiert und man zum Beispiel bei einem Notfall die Katzen auch schnell in die Transportbox bekommt, ohne sie erst noch stundenlang durch die Wohnung jagen und hinter Schränken hervorscheuchen zu müssen, sollte das Transportboxentraining ein fester Bestandteil im Zusammenleben mit den Katzen sein. Und im Prinzip ist das Training auch recht simpel, angefangen damit, dass die Transportbox generell in der Wohnung stehen bleibt und nicht nur zu „speziellen" Anlässen herausgeholt wird. So ist die „Anwesenheit" der Box generell kein ungewohntes Bild und die Katzen akzeptieren sie als normalen Bestandteil der Wohnung.

Danach geht es weiter mit der positiven Verknüpfung der Box. Diese kann sowohl mit Futter als auch mit Spielzeug erfolgen. Entweder füttert man sehr begehrte Leckerchen größtenteils nur in der Box, oder füttert generell nur in der Box (Decken und Co sollte man dann jedoch herausnehmen, da man sie sonst vermutlich nach jeder Fütterung waschen muss). Alternativ kann man Spielzeug, auf das Ihre Katzen gerade „heiß" sind, in der Box verstecken und sie so dazu animieren, die Box von selbst zu betreten. Sobald die Katzen die Box als normalen Aufenthaltsort akzeptiert haben, kann man auch dazu übergehen, weiche Decken und Kissen in der Box bereitzustellen, sodass die Box sogar als Liege- und Schlafplatz akzeptiert wird.

Ebenfalls sollte man von Zeit zu Zeit die Tür der Box *kurz* schließen und währenddessen entweder Leckerchen durch das Gitter reichen oder zumindest beruhigend auf die Katze einreden. Danach öffnen Sie die Tür wieder und die Katze kann wieder ihrer Wege gehen. So etablieren Sie die Transportbox im Alltag und die Katzen haben eine positive Verbindung zu der Box. Diese wird in der Regel auch nicht dadurch gebrochen, dass man dann doch einmal zum Tierarzt gefahren ist, weil dies nur ein vergleichbar kurzer Zeitraum ist, im Gegensatz zu den unzähligen Stunden, Tagen und

Wochen, in denen die Box weiterhin offen und frei zugänglich in der Wohnung steht und weiterhin als positiver Ort angesehen wird.

Sie können auch noch einen Schritt weiter gehen und das Betreten der Box mit einem Kommando verknüpfen. Locken Sie Ihre Katzen mit Hilfe eines Leckerchens in die Box und sobald die erste Pfote in der Box steht, nennen Sie das selbstgewählte Kommando (zum Beispiel „Box"). Wiederholen Sie diesen Vorgang dutzende Male und belohnen Sie das Betreten der Box immer mit einem tollen Leckerchen. Sollte es dann doch einmal so weit sein, dass Ihre Katzen zum Check-up zum Tierarzt müssen, können Sie Ihren Katzen einfach das Kommando geben und das „Verladen" klappt vollkommen stressfrei. Ein Gewinn für beide Seiten.

7.3.1 URLAUB MIT DER KATZE

Jetzt, wo Ihre Katze die Transportbox kennt und mag, wäre es ja auch ein Leichtes, sie darin mit in den Urlaub zu nehmen. Doch ist die Mitnahme der Katze in den Urlaub wirklich sinnvoll? Eher nicht. Katzen sind sehr revierbezogene Tiere. Außerdem lieben sie geregelte Tagesabläufe in gewohnter Umgebung. Wenn Sie nun Ihren Stubentiger aus seinem Zuhause reißen, ihn stundenlang in die Transportbox sperren, ihm die stressige Autofahrt antun, nur um ihn dann in eine völlig fremde Umgebung zu setzen, wird ihm das wohl eher nicht behagen. Manche Katzen mögen sich mit der neuen Situation arrangieren können und sich schon nach kurzer Zeit ein wenig „heimisch" fühlen, aber bei vielen Katzen bleibt dies eben aus. Dies führt dann zu massivem Stress sowie Unsauberkeiten und manchmal auch anderen Verhaltensstörungen. Darum ist eher davon abzuraten, die Katze mit in den Urlaub zu nehmen.

Da jedoch auch der Umzug in eine Katzenpension dasselbe Problem mit sich bringt, ist es eher ratsam, sich für die Zeit des Urlaubs eine Vertrauensperson zu suchen, die sich vor Ort bei Ihnen zu Hause um Ihren Stubentiger kümmert. So kann dieser in seiner gewohnten Umgebung bleiben und ist nicht dem Stress einer Autofahrt ausgesetzt. Und ein paar Tage Ruhe vor der Familie haben noch keinem Stubentiger geschadet. Solange Ihre Vertrauensperson täglich erscheint, sich um Futter und Wasser sowie um die Katzentoilette und natürlich die Streicheleinheiten kümmert, wird es Ihrem Liebling an nichts fehlen.

7.4 KRATZBAUM STATT COUCH

Es lebt sich definitiv stressfreier mit den Stubentigern, wenn man sich sicher ist, dass die teure Ledercouch noch lange heile bleibt. Damit dem so ist, sollten die Katzen ausschließlich die Kratzmöglichkeiten nutzen, die Ihnen zur Verfügung gestellt wurden und auch für eben jenen Zweck gedacht sind. Damit das so ist, sollten mindestens 2, besser 3 oder 4 verschiedene Kratzmöglichkeiten gegeben sein. So gibt es Kratzbretter, die man auf den Boden legt, die mit Sisalseil umwickelten Stangen des Kratzbaums, Kratzbretter, die sich an die Wand schrauben lassen, aber auch Kratzteppiche sowie Höhlen mit Kratzmaterial auf der Außenseite.

Am Ende entscheidet da sicher auch ein Stück weit der Geschmack des Halters mit. Der Markt bietet in jedem Fall genügend Auswahl. Auch Kratzschutzbretter mit Sisalbezug für Wandecken sind oftmals eine gute Investition, da besonders Wandecken ein beliebtes Angriffsziel für Katzenkrallen sind. So oder so sollten sie genügend Kratzmöglichkeiten anbieten, damit Ihre Katzen, egal in welchem Raum in der Wohnung sie sich befinden, eine Möglichkeit haben, um ihrem Bedürfnis nachzugehen und ihre Krallen zu wetzen.

Sollte es doch einmal vorkommen, dass sich die Krallen Ihrer Katzen in den Couchbezug „verirren“, sollten Sie keinesfalls mit der Wassersprühflasche um die Ecke kommen. Sagen Sie laut „Nein“, nehmen Sie danach die Katze und bringen sie zu einer der Kratzmöglichkeiten. Sobald Ihre Katze dort anfängt zu kratzen, loben Sie sie, streicheln Sie sie oder geben Sie ihr ein Leckerchen. So verknüpft Ihre Samtpfote das Kratzen am Kratzbrett mit etwas Positivem und lässt fortan Ihre Möbel in Ruhe.

7.5. KATZENKLAPPE BENUTZEN

Wenn Sie in einem Haus wohnen oder in einer Wohnung im Erdgeschoss oder gar eine Katzentreppe am Balkon im ersten Stock haben, dann ist die Anschaffung einer Katzenklappe in jedem Fall eine Überlegung wert – insofern Sie Ihrer Katze überhaupt Auslauf gewähren möchten, denn auch, wenn die große weite Welt dort draußen für die Samtpfoten wahnsinnig spannend ist und sie all ihren natürlichen Bedürfnissen nachgehen können, so gibt es doch einige Punkte, die beachtet werden müssen, bevor man sich dazu entschließt, seine Wohnungskatzen zu Freigängern zu machen.

Punkt 1: Autos

Viele Katzen schätzen die Gefahr eines herannahenden Autos falsch ein und flüchten zu spät. Viele Katzen finden so leider einen frühen Tod.

Punkt 2: Giftköder

Eine nicht zu unterschätzende Gefahr sind Giftköder. Nicht nur die, die für lästig gewordene Ratten ausgelegt werden, sondern auch die, die absichtlich von Tierhassen verteilt wurden. Verpackt in leckere Wurst finden sie häufig auch einen dankbaren Abnehmer, der leider kurz darauf mit schlimmen Vergiftungserscheinungen zu kämpfen hat. Die wenigsten Katzen, die einen solchen Köder aufnehmen, schaffen es zurück nach Hause. Meist verkriechen sie sich und sterben elendig. Aber auch das Fressen von toten (vergifteten) Mäusen und Ratten kann zu derartigen Symptomen und dem frühzeitigen Tod führen.

Punkt 3: Die heimischen Vögel

Auch wenn es bei uns in Deutschland keine flugunfähigen Vögel gibt und Hauskatzen somit wohl nie für die gänzliche Ausrottung einer gesamten Vogelart verantwortlich wären, so gibt es dennoch Schätzungen darüber, wie viele Millionen(!) Vögel jedes Jahr von Hauskatzen getötet werden und die Zahl ist erschreckend. Nun könnte man meinen, ein Glöckchen am Halsband würde die Vögel schützen, aber leider birgt dies gleich zwei andere Probleme. Zum einen steht auch hier wieder die Intelligenz der Katzen im Weg. Katzen merken sehr schnell, dass das Geklimper der Glocke an ihrem Halsband dafür sorgt, dass ihre Beute verschwindet. Also lernen sie, sich so zu bewegen, dass das Glöckchen gar nicht erst ertönt. Zum anderen bergen Halsbänder eine große Gefahr. Unzählige Katzen strangulieren sich jährlich an ihren Halsbändern, selbst an jenen, die eigentlich einen Notöffnungsmechanismus haben und aufgehen sollten, wenn zu hoher Zug auf sie ausgeübt wird. Darum ist von Halsbändern jeglicher Art generell abzuraten.

Punkt 4: Andere Menschen

Nicht nur Jugendliche, denen scheinbar nie Respekt vor Lebewesen beigebracht wurde, können zu einer ernsten Gefahr für freilaufende Katzen werden. Auch Menschen, die sich Hals über Kopf in Ihren Stubentiger verlieben und ihn klauen, sind ein Problem. Zwar sind diese Fälle nicht allzu häufig, aber jeder, der sein Herz an seine Katzen verloren hat, weiß, wie quälend die Ungewissheit sein kann, wenn der Freigänger nicht wieder nach Hause kommt.

Punkt 5: Jäger

Eine Katze, die jagt und somit wildert, ist in manchen Bereichen zum Abschuss freigegeben. Jäger dürfen wildernde Katzen also erschießen! Ein grausamer Gedanke, wenn Frauchen oder Herrchen zuhause sitzt und auf die Rückkehr des Stubentigers wartet.

Punkt 6: Andere Katzen

Unter Katzen herrscht ein hoher Revierdruck, wenn zu viele Stubentiger draußen herum laufen. Begegnen sich zwei rivalisierende Katzen oder insbesondere Kater, so kann es zu ernsten Verletzungen kommen. Die ach so lieben Stubentiger entwickeln sich während eines Revierkampfes zu einem bengalischen Tiger und verteidigen „ihr" Revier wahrlich bis aufs Blut. Solch eine Auseinandersetzung kann sogar mit dem Tod enden! Meist bleiben jedoch nur teils ernste Verletzungen zurück. Je nachdem, wie geschwächt Ihr Tier ist, schafft es vielleicht den Weg nach Hause nicht. Und selbst wenn, ist in jedem Fall ein sofortiger Besuch beim Tierarzt notwendig, der vorhandene Wunden spült und desinfiziert.

Sollte am Ende dennoch der Wunsch nach Befriedigung aller Bedürfnisse der eigenen Katzen überwiegen und Sie entschließen sich dazu, Ihren Katzen dennoch Freigang zu geben, dann ist die bereits erwähnte Katzenklappe definitiv eine Überlegung wert. Der Handel bietet auch hier diverse Varianten an, von der einfachen Katzenklappe, die sich immer und jederzeit von beiden Seiten öffnen lässt, bis zu Hightech-Modellen, bei denen den eigenen Katzen erst ein Chip implantiert werden muss, durch den sich die Tür öffnen lässt. Dies verhindert das ungewollte Eindringen fremder Katzen oder anderer Tiere wie Waschbären. Gerade in Gegenden mit einem hohen Hauskatzenbestand kann dies sehr hilfreich sein, damit sich nicht Nachbars Katze am Futternapf Ihrer Stubentiger bedient.

Wichtig: Wenn Sie sich dazu entscheiden, Ihren Stubentiger nach draußen zu lassen, sollte er vorher unbedingt kastriert werden! Eine rollige Katze in der Nachbarschaft oder ein zeugungsfähiger Kater wird nicht nein sagen, wenn sich ein passendes Gegenstück findet. Eine ungewollte und unkontrollierte Vermehrung ist in jedem Fall zu vermeiden! Besonders, wenn eines der Elterntiere nicht bekannt ist oder aus unbekannten Verhältnissen stammt, können bei den Jungtieren, die aus dieser ungewollten Verpaarung entstehen, Missbildungen und Gendefekte auftreten. Dies muss unbedingt vermieden werden, um weiteres Tierleid zu verhindern!

Außerdem ist ein Mikrochip unabdingbar. Dieser hat eine individuelle Nummer, die es so nur ein einziges Mal auf der Welt gibt und die Ihrer Katze zugeordnet ist. Damit im Fall der Fälle, zum Beispiel nach einem Unfall oder wenn Ihre Katze den Weg nach Hause nicht gefunden hat und entkräftet aufgefunden wurde, der Halter der Katzer ausfindig gemacht werden kann, muss der Chip beim Tierregister TASSO registriert sein. Liest also ein Tierarzt den Chip aus und gibt diese Nummer bei TASSO an, können die Mitarbeiter dort sagen, zu wem die gefundene Katze gehört und Sie haben Gewissheit, was mit Ihrem Liebling passiert ist und können ihn im Idealfall möglichst unversehrt abholen und zu sich nach Hause bringen.

7.6 RICHTIG SPIELEN (OHNE DIE HÄNDE ALS SPIELZEUG ZU MISSBRAUCHEN)

Viele Katzenbesitzer machen den Fehler, auch mit ihren Händen, statt nur mit dem Spielzeug mit ihren Katzen zu spielen. Man macht lustige Bewegungen, wuschelt der Katze durchs Fell, hält ihre Pfote fest, etc. und animiert die Katze so, die Hand als „Beute" anzusehen. Dass das allerdings sehr oft mit Blessuren endet, ist vielen Katzenhaltern anfangs nicht bewusst. Stattdessen häufen sich die Anfragen in Internetforen, wie man der Katze denn abgewöhnen könnte, in die Hände zu beißen. Nun, der einfachste Weg ist, dieses Verhalten gar nicht erst auszulösen! Darum sollten Sie immer daran denken: Spielen Sie nie mit Ihren Händen mit Ihrer Katze. Auch wenn das oftmals niedlich sein mag und gerade bei Kitten vielleicht noch keine bleibenden Spuren hinterlässt, so häufen sich die Probleme, wenn die Katze älter wird und vielleicht auch davon genervt ist. Sie machen sich damit nur selbst zur Beute und zum Opfer. Und dass solche „Blessuren" auch gefährlich werden können, wissen Sie ja bereits.

7.7 TIERARZT-TRAINING

Auch wenn man alles für seine Stubentiger tut, ihnen nur das beste Futter gibt, sich um sie kümmert und sie hegt und pflegt, lässt es sich dennoch nicht vermeiden, dass Sie auch einmal beim Tierarzt vorbeischauen müssen. Damit dieser Besuch so stressfrei wie möglich verläuft, kann man im Vorfeld schon einige Dinge trainieren. So sollte man bereits von Beginn an, im Idealfall schon dann, wenn die Katze noch sehr jung ist, damit beginnen, sie daran zu gewöhnen, dass man auch mal die Pfoten anschaut, in die Ohren schaut, sich die Zähne ansieht oder auch mal den Bauch abtastet oder gar den Schwanz anfasst und hochhebt. All dies sollte zu Beginn natürlich weder alles auf einmal geschehen noch unter Zwang. Die Katze soll bei all diesen Dingen immer ein positives Gefühl haben. Nur so lässt sich später vermeiden, dass die Katze für Untersuchungen sogar narkotisiert werden muss.

Nehmen Sie sich also genügend Zeit, legen Sie ausreichend Leckerchen sowie den Clicker bereit. Holen Sie dann Ihre Katze zu sich und streicheln Sie sie erst einmal. Berühren Sie dabei, zu Beginn quasi eher „zufällig" und nur nebenbei beispielsweise die Ohren oder auch das Maul. Bleibt Ihre Katze ruhig, belohnen Sie sie. Dies kann durch beruhigende Worte oder ein Leckerchen geschehen. Wenn Sie eine Pastentube benutzen, können Sie diese auch für dieses Training nutzen, indem Sie Ihrer Katze die Tube hinhalten und die „empfindlichen" Zonen, wie den Kopf, die Ohren, aber auch den Bauch, etc. berühren, während sie daran leckt.

Alternativ können Sie allein oder mit jemandem zusammen clickern. Entweder streichen Sie mit einer Hand zum Beispiel über die Ohren und clicken, wenn Ihre Katze dabei ruhig bleibt, und belohnen sie. Alternativ, um schneller mit Click und Leckerchen zu sein, kann auch jemand anderes, der Ihrer Katze jedoch vertraut sein sollte, entweder die Berührungen oder das Clicken übernehmen. So können Sie sich voll und ganz auf die eine Tätigkeit konzentrieren. Üben Sie so auch schrittweise das Abtasten des Bauches, das Betrachten der Zähne oder eben auch das Hochheben des Schwanzes. All dies sind Dinge, die auch bei einem Tierarztbesuch gemacht werden. Kennt Ihre Katze diese Berührungen und Abläufe dann schon, erspart das Mensch und Tier eine Menge Stress. Außerdem sollten Sie, wenn Sie mit Ihrer Katze beim Tierarzt sind, auch weiterhin belohnen, wenn Ihre Katze ruhig bleibt. Nur weil Sie jetzt woanders sind, heißt das nicht, dass das Belohnen aufhören muss oder gar sollte. Gutes und ruhiges Verhalten sollte immer belohnt werden.

8 Tricks und Spiele

Neben dem normalen „Grundlagentraining“, das größtenteils auch den Alltag mit Katzen vereinfacht, gibt es noch die Möglichkeit, der Katze Tricks beizubringen. Hierbei sind der Fantasie fast keine Grenzen gesetzt. Nahezu jeder Trick, der von einem Hund ausgeführt werden kann, kann auch von einer Katze ausgeführt werden. Auch das Training ist quasi gleich. Der Clicker eignet sich auch für diese Art Training hervorragend.

8.1 HIERHER

Eines der Standard-Kommandos, egal ob für Hund oder Katze. Das Abrufen kann in vielen Lebenslagen sinnvoll sein. Der Trainingsaufbau ist dabei relativ simpel. Am einfachsten geht es, wenn Sie in den Momenten, in denen Ihre Katze sowieso schon auf dem Weg zu Ihnen ist, das von Ihnen gewählte Kommando, wie zum Beispiel „Hierher“ oder „Komm“, nennen und für Ihre Katze ein Leckerchen parat halten bzw. den Clicker nutzen, sobald die Katze bei Ihnen angekommen ist. Die meisten Katzen lernen recht schnell, dass sie einen Namen haben. Sie können das Rufkommando also auch bei mehreren Katzen nutzen, wenn Sie vor dem Kommando den Namen der jeweiligen Katze sagen. Auch hierbei gilt wieder: Wiederholen Sie die Übung mehrmals und halten Sie immer eine Belohnung bereit.

8.2 MÄNNCHEN MACHEN

Dieser „Trick“ ist auch recht leicht umzusetzen. Rufen Sie Ihre Katze zu sich (was ja nach erfolgreichem Training des Heranrufens gut klappen sollte) und nehmen Sie ein Leckerchen zur Hand. Halten Sie dieses ein Stück über den Kopf Ihrer Katze und warten Sie darauf, dass sie sich danach ausstreckt, um heranzukommen. Sobald die Vorderpfoten den Untergrund verlassen, geben Sie Ihr selbstgewähltes Kommando, wie zum Beispiel

„Männchen“. Wiederholen Sie diese Übung mehrfach, bis Ihre Katze quasi schon von selbst beginnt, sich auf die Hinterbeine zu stellen, um an das Leckerchen zu kommen. Sie können für diese Übung auch den Targetstick nutzen (siehe Kapitel 8.6) und ersetzen dann in der Übung das Leckerchen in der Hand durch den Targetstick. Folgt die Katze dem Stick, clicken Sie und belohnen Sie sie dann. Die Erweiterung dieser Übung besteht dann daraus, dass die Katze lernt, auch ohne Stick oder Leckerchen in der Hand Männchen zu machen. Üben Sie diesen Trick also mehrfach, bis die Katze ihr Verhalten mit dem Kommando verknüpft und probieren Sie dann, ob die Katze auch von selbst Männchen macht, wenn Sie das Kommando geben.

Manche Katzen setzen sich dann auf ihren Po und strecken die Vorderbeine in die Luft. Sollte ihre Katze etwas zögerlich sein, sich aber bemühen, können Sie jeden kleinen Teilschritt belohnen, bis schließlich ein korrektes „Männchen“ ausgeführt wird.

8.3 SITZ

Ja, auch Katzen können Sitz machen. Die Übung wird im Prinzip genauso aufgebaut, wie man es im Hundetraining machen würde. Rufen Sie Ihre Katze zu sich und halten Sie wieder ein Leckerchen parat. Dieses führen Sie über den Kopf der Katze ein kleines Stück nach hinten, bis sich die Katze hinsetzt. Geben Sie dann in genau diesem Moment ein Kommando, wie zum Beispiel „Sitz“. Clicken Sie oder belohnen Sie Ihre Katze direkt.

Wenn Sie lieber auf die Trainingsmethode des „Free Shapen“ setzen möchten, können Sie auch hier wieder auf einen Moment warten, in dem Ihre Katze von selbst ins „Sitz“ geht, und dieses von ihr selbst ausgeführte Verhalten mit einem Kommando belegen und bestätigen.

8.4 PFÖTCHEN GEBEN

Auch dieser Trick stammt eher aus dem Bereich der Hundeerziehung. Doch auch Katzen können lernen, Pfötchen zu geben. Auch hier ist der

Aufbau in etwa so, wie man es beim Hund durchführen würde. Rufen Sie wieder Ihre Katze zu sich und halten Sie ein Leckerchen parat. Bringen Sie Ihre Katze ins Sitz, loben Sie sie dafür und halten Sie ihr dann das Leckerchen hin. Halten Sie es aber so, dass sie nicht herankommt und es Ihnen nicht aus den Fingern klauen kann. Viele Katzen probieren dann einiges aus, um an das Leckerchen heranzukommen. In dem Moment, in dem Ihre Katze Ihre Hand mit einer ihrer Pfoten berührt, clicken Sie oder loben Sie und geben das Leckerchen frei. Wiederholen Sie diesen Vorgang mehrfach.

Wenn Sie die Schwierigkeit noch etwas steigern wollen, können Sie noch die Seite zum Kommando dazu nennen, also zum Beispiel „Rechte Pfote". Dies können Sie auch direkt zu Beginn des Trainings machen. Bauen Sie das Training genauso auf, achten Sie darauf, welche Pfote Ihre Katze nutzt, um an das versteckte Leckerchen zu kommen, und kombinieren Sie dann die Seite mit dem Kommando. Lassen Sie Ihre Katze mehrfach ausprobieren und belegen Sie auch die andere Pfote mit dem dazugehörigen Kommando. Nach einigen Wiederholungen sollte Ihre Katze dann verstanden haben, welche Pfote Sie meinen, wenn Sie das entsprechende Kommando gegeben haben.

8.5 HIGH FIVE

Dieser Trick wird quasi genauso aufgebaut wie das „Pfötchen geben". Rufen Sie wieder Ihre Katze zu sich und lassen Sie sie Sitz machen. Nehmen Sie dann ein Leckerchen zur Hand und halten Sie es diesmal nicht direkt vor die Katze, sondern ein kleines Stück höher. Wenn Ihre Katze das Kommando fürs Pfötchen geben bereits kennt, nennen Sie es. Ihre Katze sollte nun ihre Hand berühren. Wenn sie das tut, kombinieren Sie das Verhalten mit dem neuen Kommando, wie zum Beispiel „High Five" oder „Gib mir Fünf". Wiederholen Sie die Übung mehrfach, bis Ihre Katze auch ohne die vorherige Nennung des Kommandos zum Pfötchen geben Ihre Hand berührt und weiß, dass High Five dieses Verhalten bedeutet.

8.6 TARGETSTICK

Der Targetstick ist ein sehr hilfreiches Mittel in der Erziehung von Katzen und Hunden. Er sorgt dafür, dass das Tier sich auf den Stick fokussiert und durch den integrierten Clicker kann man auch direkt das korrekte Verhalten einfangen und eine Belohnung ankündigen. Um den Targetstick aufzubauen, benötigen Sie lediglich genügend Leckerchen. Rufen Sie Ihre Katze zu sich und halten Sie ihr die Spitze des Targetsticks hin. Aus Neugier wird sie daran schnuppern. In dem Moment, in dem sie mit ihrer Nase an den Targetstick geht, clicken Sie und belohnen Sie sie. Wiederholen Sie diese Übung mehrfach. Wenn dies gut klappt, können Sie überprüfen, ob Ihre Katze den Zusammenhang bereits verstanden hat, indem Sie den Stick einfach ein Stück weiter weg hinhalten und schauen, ob Ihre Katze zu dem Stick geht und ihn berührt.

Mit Hilfe des Sticks können nun weitere Übungen trainiert werden, ganz egal ob „Männchen machen“ oder Slalom laufen. Der Targetstick fungiert immer als eine Art „verlängerter Finger“. Er ist der Punkt, dem die Katze folgen soll. Dies ist bei einigen Übungen durchaus sehr sinnvoll. Dafür sollten Sie jedoch auch üben, dass Ihre Katze dem Targetstick folgt.

Halten Sie dafür den Targetstick vor Ihre im Idealfall stehende Katze und warten Sie, bis die Katze den Stick berührt, und führen Sie ihn dann ein kleines Stück weiter. Folgt die Katze dem Stick, clicken und belohnen Sie Ihre Katze. Üben Sie diesen Schritt mehrfach und erweitern Sie langsam den Weg, den der Stick „wandert“ und den Ihre Katze dementsprechend dem Stick folgen muss.

8.7 SLALOM LAUFEN

Für die Übung dieses Tricks eignet sich der Targetstick besonders gut. Bauen Sie einen kleinen Slalomkurs auf, zum Beispiel aus vollen Flaschen (voll deshalb, damit sie nicht umkippen, wenn Ihre Katze sie berührt). Rufen

Sie dann Ihre Katze zu sich und wiederholen Sie zunächst die Berührung des Targetsticks. Klappt das weiterhin sicher, führen Sie Ihre Katze mit Hilfe des Targetsticks durch den ersten Slalombereich. Folgt sie brav, loben Sie sie und geben Sie ihr ein Leckerchen. Erweitern Sie die Übung dann und führen Sie Ihre Katze wieder ein Stück weiter durch den Slalom. Das üben Sie so lange, bis Ihre Katze dem Stick durch den kompletten Slalom hindurch folgt. Nun können Sie es entweder dabei belassen oder die Schwierigkeit noch ein wenig steigern, indem Sie die einzelnen Richtungswechsel während des Slaloms benennen, zum Beispiel mit „Sla" und „Lom". Üben Sie dies mehrfach und versuchen Sie dann, Ihre Katze nur durch das Nennen der Kommandos durch den Slalom zu schicken. Klappt dies noch nicht, nutzen Sie noch einmal den Targetstick und wiederholen Sie den Durchlauf mehrfach, während Sie wieder die beiden Richtungskommandos („Sla" und „lom") verwenden.

8.8 HOPP

Das Springen auf Gegenstände liegt Katzen quasi im Blut. Es gibt wohl kaum eine Katze, die nicht schon auf der Küchenarbeitsplatte herumgelaufen ist oder auf dem Esstisch Platz genommen hat. Katzen haben immer das Bedürfnis, ihre Umgebung im Blick zu behalten. Das kann man am besten aus erhöhten Positionen wie eben zum Beispiel einem Tisch, einem Stuhl oder auch von der Küchenarbeitsplatte oder von einem Regal herab. Dieses quasi angeborene Verhalten kann man sich zu Nutze machen, um das Kommando „Hopp" zu trainieren. Auch hier bietet sich das „Free Shaping" an. Warten Sie einfach auf einen der vielen Momente, wenn Ihre Katze auf einen erhöhten Platz springt, und kombinieren Sie das Verhalten mit einem selbstgewählten Kommando, wie zum Beispiel „Hopp" oder „Spring". Belohnen nicht vergessen! Wiederholen Sie dies mehrfach, bis Sie das Gefühl haben, dass Ihre Katze die Kombination aus dem Kommando und ihrem Verhalten verstanden hat. Testen Sie dies, indem Sie auf einen erhöhten Punkt zeigen und zu Ihrer sich in der Nähe befindlichen Katze „Hopp" sagen. Springt sie herauf, loben Sie sie und geben Sie ihr ein Leckerchen. Nun können Sie das Kommando auf verschiedensten Dingen anwenden, egal ob Stuhl, Tisch, Couch, Sitzbank, Küchenarbeitsplatte oder auch verschiedene Regale in unterschiedlicher Höhe (natürlich immer im Rahmen dessen, was Ihre Katze ohne Verletzungsrisiko leisten kann).

8.9 BALANCIEREN

Dies ist eine relativ schwierige Übung für Ihre Katze und erfordert ein gutes Körpergefühl und trainiert den Gleichgewichtssinn. Nehmen Sie beispielsweise zwei Stühle und stellen Sie sie mit den Sitzflächen zueinander im Abstand von etwa 0,5 m auf. Nehmen Sie dann zu Beginn des Trainings ein relativ breites Brett zur Hand. Es sollte etwas breiter sein als Ihre Katze. Rufen Sie dann Ihre Katze herbei und nennen Sie das Kommando für das Springen auf Gegenstände (wie zum Beispiel „Hopp“) und deuten Sie dabei auf die Sitzfläche eines Stuhls. Springt Ihre Katze hinauf, loben Sie sie. Nehmen Sie ein Leckerchen oder den Targetstick zur Hand und führen Sie Ihre Katze so über das Brett. Achten Sie darauf, die Hand oder den Stick nicht zu nah an die Nase zu halten, damit Ihre Katze auch noch die Chance hat, nach unten zu sehen, um zu schauen, wohin sie tritt. Wiederholen Sie dies mehrfach und nennen Sie auch hierbei ein selbstgewähltes Kommando, wie zum Beispiel „Balance“. Üben Sie dies mehrfach, bis Sie sehen, dass Ihre Katze problemlos und sicher über das Brett läuft. Erhöhen Sie dann die Schwierigkeit, indem Sie ein längeres Brett wählen. Üben Sie auch damit mehrfach. Danach wird die Schwierigkeit Schritt für Schritt gesteigert, indem Sie immer dünnere Bretter nutzen. Wählen Sie jedoch erst ein dünneres Brett, wenn Ihre Katze wirklich sicher über das vorige Brett läuft und keine Probleme mit der Koordination hat!

8.10 UMRUNDEN

Für diesen Trick benötigen Sie ein Hindernis, zum Beispiel eine gefüllte Flasche oder ein Pylonenhütchen. Außerdem können Sie entweder ein

Leckerchen oder den Targetstick nutzen. Rufen Sie Ihre Katze zu sich und halten Sie ihr entweder Ihre Hand oder den Targetstick vor die Nase. Locken Sie sie damit um das Hindernis herum und kombinieren Sie dies mit einem selbstgewählten Kommando, zum Beispiel „drum rum". Wiederholen Sie dies mehrfach, bis Sie der Meinung sind, dass Ihre Katze verstanden hat, was Sie tun soll. Sie können auch hier wieder versuchen, den Targetstick bzw. das Leckerchen vor der Nase wegzulassen und Ihre Katze nur mithilfe des Kommandos um das Hindernis herum laufen zu lassen. Sie können die Schwierigkeit steigern, indem Sie das Kommando mehrfach geben und Ihre Katze mehrere Runden um das Hindernis herum laufen muss.

8.11 HINDERNISSE ÜBERWINDEN

Für diesen Trick ist entweder ein Hindernis aus dem Fachhandel nötig oder Sie bauen sich selbst eines, zum Beispiel aus zwei Bücherstapeln und einem sehr schmalen Brett oder 2 hohen Bechern und einem sehr schmalen Brett, einer Stange oder etwas Ähnlichem. Rufen Sie wieder Ihre Katze zu sich und positionieren Sie sie vor dem Sprunghindernis und sich selbst dahinter. Locken Sie Ihre Katze dann mithilfe eines Leckerchens oder des Targetsticks übers das Hindernis. Sobald die erste Pfote über das Hindernis hinweg ist, geben Sie ihr selbstgewähltes Kommando, wie zum Beispiel „drüber". Wiederholen Sie auch diesen Vorgang mehrfach, bis Ihre Katze weiß, was sie bei dem Kommando tun soll. Lassen Sie dann auch hier den Targetstick oder das Leckerchen zum Locken weg. Bei diesem Trick können Sie die Schwierigkeit erhöhen, indem Sie zum einen das Hindernis nach und nach Schritt für Schritt erhöhen. Zum anderen können Sie auch mehrere Hindernisse nacheinander aufstellen und so einen kompletten „Spring-Parcours" aufbauen, den Ihre Katze nach und nach und im Idealfall irgendwann komplett selbstständig überwinden muss.

8.12 SPRICH

Viele Katzen sind von Natur aus sehr kommunikativ. Interessant ist, dass das typische „Hunger-Miauen“ nur bei Hauskatzen zu finden ist. In der Natur miauen lediglich einige Kitten so, legen dieses Verhalten jedoch ab, wenn sie älter sind. Unsere Stubentiger hingegen haben erkannt, dass sie so schneller an das Objekt der Begierde, in diesem Fall einen vollen Napf, gelangen. Dass viele Katzen also von sich aus viel Miauen, kann man sich für den Trick „Sprich“ zu Nutze machen. Passen Sie einfach einen Moment ab, in dem Ihre Katze sowieso mit Ihnen „spricht“, und kombinieren Sie das Verhalten Ihrer Katze mit einem Kommando. Belohnen Sie sie danach und wiederholen Sie das Vorgehen mehrfach. Irgendwann wird die Katze die Verbindung zwischen ihrem Miauen und dem Kommando herstellen und kann ab sofort auf Kommando mit Ihnen „sprechen“.

9. Fazit

Katzen sind alles andere als eigensinnige und sture Biester, denen man nichts beibringen kann. Wenn man weiß, wie sie lernen, wie man sie motivieren kann, Spaß am Training und dem Umgang mit ihnen hat sowie eine große Portion Geduld und Einfühlungsvermögen mitbringt, kann man das Zusammenleben mit den Samtpfoten spannend und abwechslungsreich gestalten. Nehmen Sie sich die Zeit, die Sprache der Katzen zu lernen, damit Sie immer wissen, was gerade in Ihren tierischen Mitbewohnern vorgeht. Nicht zuletzt dient das auch Ihrer eigenen Sicherheit und nimmt den Stress vom Mensch und vom Tier. Lassen Sie sich nicht einreden, dass man eine Katze nicht erziehen kann. Katzen sind sehr intelligent und lernen neue Dinge recht schnell, egal ob Sie das Tierarzt- oder Transportboxentraining absolvieren oder beginnen, Ihrer Katze Tricks beizubringen wie das Überwinden von Hindernissen oder das Absolvieren eines Slaloms. Das gemeinsame Training zusammen mit ihren Stubentigern schweißt sie als Team zusammen und verstärkt ihre Bindung enorm. Die Tiere lernen, Ihnen zu vertrauen, und werden fortan mit Spaß und Freude bei der Sache sein, sobald Sie Ihre Namen rufen oder die Leckerchendose zur Hand nehmen. Denn vergessen Sie nie: Für getane Arbeit möchte jeder gern entlohnt werden, auch Ihre Katzen. Haben Sie daher immer genügend Leckerchen im Haus.

Betrachten Sie Ihre Tiere nie als selbstverständlich. Es sind fühlende und denkende Lebewesen mit Ansprüchen und Bedürfnissen. Kümmern Sie sich gut um sie. Wählen Sie ihr tägliches Futter mit Sorgfalt. Sorgen Sie dafür, dass sich Ihre Stubentiger nicht verletzen können. Beobachten Sie sie. Fordern und fördern Sie sie. Lasten Sie sie aus. Seien Sie für sie da.

Wenn Sie ein paar Punkte beachten, dann werden Sie viele Jahre Spaß haben an Ihren treuen und wundervollen Begleitern. Sie werden lernen, was es heißt, geduldig zu sein. Sie werden erkennen, was Ihre Katze fühlt, und das allein an der Stellung Ihrer Ohren. Sie werden wissen, wann es Zeit wird, den Napf aufzufüllen. Sie werden lernen, was Anmut heißt. Und wenn Ihre Katze dann zu Ihnen kommt, Sie freundlich begrüßt, Ihnen durch die Beine streicht oder sich an Sie schmiegt, ihren Kopf an Ihnen reibt, nur um sich dann genüsslich auf ihrem Schoß zusammen zu rollen und um kurz danach ein tiefes, entspanntes Schnurren von sich zu geben... Dann werden Sie wissen, was Liebe heißt.

Wir danken Ihnen für Ihr Interesse und Ihr Vertrauen. Als Dankeschön dafür, haben wir eine besondere Überraschung. Wir haben ein Geschenk mit dem Thema: **Bor und Borax - Unterstützung für Knochen und Gelenke**, nur für Sie. Und diese erhalten Sie vollkommen kostenlos. Das klingt wunderbar? Dann warten Sie nicht lange und holen Sie sich Ihr Gratis-Geschenk.

Hier geht es zu Ihrem Gratis-Geschenk:

https://forms.gle/Dv6qzMV3kMSEicoH7

1. **Öffnen Sie die Kamera-App auf Ihrem Smartphone und richten Sie die Kamera auf den QR-Code.**
2. **Klicken Sie auf den Link, der Ihnen angezeigt wird und schon werden Sie zur Website weitergeleitet.**

Impressum

Herausgeber: Pegoa Global Media GmbH / Am Sandtorkai 27 / 20457 Hamburg
Kontakt: kontakt@pegoamedia.de
Coverbild: Shutterstock

Haftungsausschluss:
Die Nutzung dieses Buches und die Umsetzung der enthaltenen Informationen, Anleitungen und Strategien erfolgt auf eigenes Risiko. Der Autor kann für etwaige Schäden jeglicher Art aus keinem Rechtsgrund eine Haftung übernehmen. Haftungsansprüche gegen den Autor für Schäden materieller oder ideeller Art, die durch die Nutzung oder Nichtnutzung der Informationen bzw. durch die Nutzung fehlerhafter und/oder unvollständiger Informationen verursacht wurden, sind grundsätzlich ausgeschlossen. Rechts- und Schadenersatzansprüche sind daher ausgeschlossen. Dieses Werk wurde sorgfältig erarbeitet und niedergeschrieben. Der Autor übernimmt jedoch keinerlei Gewähr für die Aktualität, Vollständigkeit und Qualität der Informationen. Druckfehler und Falschinformationen können nicht vollständig ausgeschlossen werden. Es kann keine juristische Verantwortung sowie Haftung in irgendeiner Form für fehlerhafte Angaben vom Autor übernommen werden. Die bereitgestellten Analysen, Vorschläge, Ideen, Meinungen, Kommentare und Texte sind ausschließlich zur Information bestimmt und können ein individuelles Beratungsgespräch nicht ersetzen. Alle Informationen dieses Buches entsprechen dem Kenntnisstand zum Zeitpunkt des Verfassens dieses Buches. Eine Haftung für mittelbare und unmittelbare Folgen aus den Informationen dieses Buches ist somit ausgeschlossen.
Informieren Sie sich weitläufig aus unterschiedlichen Quellen und bedenken Sie, dass am Ende nur Sie für die Entscheidungen verantwortlich sind.

Haftung für externe Links:
Unser Angebot enthält Links zu externen Websites Dritter, auf deren Inhalte wir keinen Einfluss haben. Deshalb können wir für diese fremden Inhalte auch keine Gewähr übernehmen. Für die Inhalte der verlinkten Seiten ist stets der jeweilige Anbieter oder Betreiber der Seiten verantwortlich. Die verlinkten Seiten wurden zum Zeitpunkt der Verlinkung auf mögliche Rechtsverstöße überprüft. Rechtswidrige Inhalte waren zum Zeit-punkt der Verlinkung nicht erkennbar.